AF619760

LA SCIENCE EN BALLON

OUVRAGES SCIENTIFIQUES DU MÊME AUTEUR :

La Mort. In-16. — Chez Taride.

L'Homme fossile. In-8°. — Chez J.-B. Baillière.

L'Astronomie moderne. In-12. — Chez Germer-Baillière.

Les Merveilles du Monde invisible. Deuxième édition. In-12. Chez Hachette.

Éclairs et tonnerres. Deuxième édition. In-12. — Chez Hachette.

EN PRÉPARATION :

LA CHASSE AUX IDÉES.

Paris. — Imprimé chez Jules Bonaventure,
55, quai des Grands-Augustins.

LA SCIENCE

EN BALLON

PAR

W. DE FONVIELLE

PARIS

GAUTHIER-VILLARS, IMPRIMEUR-LIBRAIRE,

55, quai des Grands-Augustins.

1869

M. JAMES GLAISHER

Directeur de l'Observatoire météorologique de Greenwich.

qui a tracé la route à suivre dans les ascensions scientifiques

ET

M. HENRY GIFFARD

qui a ouvert de nouveaux horizons à l'aéronautique par ses ascensions avec une machine à vapeur, et par la construction des premiers ballons captifs à vapeur.

HOMMAGE DE L'AUTEUR.

PRÉFACE

Quelques jours après que Francklin eût assisté à la grande expérience du château de la Muette, un seigneur de la cour de Louis XVI l'interrogeait sur ce qu'il pensait de la merveilleuse invention des Montgolfier. C'est l'enfant qui vient de naître, répondit avec simplicité le sage Américain qui ne partageait point l'enthousiasme exagéré du public de cette époque. Le savant qui avait arraché la foudre aux nuages ne croyait point follement que la conquête de l'air eût été accomplie par Pilâtre et le marquis d'Arlandes !!

Que répondrait l'esprit de Francklin si on pouvait l'interroger à cette heure ? Que serait-il raisonnable de répondre, si on nous interrogeait sur ce qu'est devenu l'enfant ? « Ne devrions-nous pas dire que « son éducation a été interrompue, qu'on l'a laissé « courir les foires avec les saltimbanques ! Ce n'est

« point la faute des parents, du parrain, de l'Institut « de France qui l'a tenu sur les fonts baptismaux, « s'il n'est point mort de faim à cette heure ! »

On a, en effet, abandonné les ballons à eux-mêmes, après ce qu'un de leurs historiens a spirituellement appelé « la fanfare de 1783. » On dirait que la protection du Comité de Salut-Public n'a point porté bonheur aux aérostats, car il n'y a guères que la grande République française qui ait eu l'ambition d'avoir ses aréonautes.

Il faut bien reconnaître que les seules personnes qui se soient occupées de navigation aérienne jusqu'à ce jour sont presque toutes plus ou moins dépourvues de connaissances scientifiques, ou du moins qu'elles ont omis de s'en servir.

Presque tous les inventeurs ont usé leurs ressources, leur imagination à s'écarter des routes indiquées par la physique; ils ont voulu copier l'oiseau quand le ballon le dépasse de toute la distance qui sépare le rêve de la réalité !! Aussi qu'ont-ils produit en vingt ans? Des appareils, lourds, grossiers, incapables de se mouvoir même sur terre !!

Nous avons été frappé des dangers du système populaire parmi les chercheurs, nous avons essayé de les rappeler à la tradition de la pratique, de l'expérience, et nous avons pris pour devise : *Que c'est en ballonnant que l'on annexera l'empire de l'air.* Non peut-être que les ballons soient définitifs, mais nous tenons un bout du fil qu'une Ariane inconnue est venue nous tendre au milieu du labyrinthe de la science. Ne nous laissons point enlever ce précieux conducteur.

Nous avons essayé d'esquisser, dans quelques pages, les raisons qui engagent les savants à s'occuper d'un appareil que les rois ont dédaigné. Il en serait bien autrement si les ballons avaient sur la conscience du sang versé, s'ils avaient servi à dépeupler des provinces, à incendier des capitales, à semer sur leurs pas la dévastation et la mort !

Nous ne nous dissimulons point les difficultés de notre tâche. Nous connaissons trop bien, par expérience, l'énergie des préjugés scientifiques, pour nous faire illusion à cet égard. Cependant, pourquoi ne serions-nous point aussi heureux que cet aéronaute du premier empire, qui eut l'honneur d'enlever dans les airs le grand astronome Jérôme de la Lande? Les successeurs de ce grand homme n'auront-ils jamais le désir d'imiter son zèle pour les questions aériennes?

La science de l'avenir découvrira certainement des secrets qui nous échappent encore en ce moment. Des forces, dont nous ignorons aujourd'hui jusqu'à l'existence même, seront peut-être entre les mains de nos descendants une arme plus facile à manier que l'est déjà l'électricité ou la vapeur! Alors des progrès qui nous paraissent impossibles, absurdes, se réaliseront avec une aisance et une rapidité merveilleuses! Quelles seront alors les conquêtes de l'humanité laborieuse et intelligente? C'est ce que nous nous garderons bien de chercher à prévoir. Nous laisserons les enthousiastes du plus lourd que l'air, ou des ballons-poisson présenter au public les images ridicules des vaisseaux aériens de l'avenir. Autant vaudrait faire comme Fourrier qui ne se contenta pas de constater que la nature ne saurait se reposer pour toujours après avoir formé l'homme moderne, et qui chercha à présenter un modèle de l'homme perfectionné des siècles futurs.

Tous les appareils de navigation aérienne, sortis tout gréés du cerveau des inventeurs, portent, s'il est permis de s'exprimer ainsi, leur queue et leur œil!

Nous avons essayé de montrer combien il est absurde d'attendre sous l'orme scientifique, que nos savants aient découvert de nouveaux phénomènes naturels pour dompter les vents, qu'ils aient à leur disposition des substances inconnues pour étudier sans danger l'océan aérien

Nous avons établi par un petit nombre de faits incontestables que les ballons avec leurs imperfection actuelles peuvent jouer un rôle considérable dans la science contemporaine, car tout dédaignés qu'ils sont, ils constituent déjà de merveilleux appareils. J'en appelle au témoignage de tous les aéronautes qui ont senti palpiter sous leurs pieds la nacelle poussée par un souffle invisible au milieu des nuages!

Le *Moniteur* a publié, à la dernière heure de l'impression de ce livre, le rapport de M. Stephan, chef de la mission de Siam, pour l'étude de l'éclipse de soleil. Le seul fait saillant nouveau a été découvert par M. Pierre, directeur du jardin botanique de Saïgon, qui a eu l'heureuse idée de faire l'ascension du Kaoa-Loang. Le naturaliste, plus heureux à lui seul que tous les savants qui étaient restés au niveau de la mer, a découvert des bandes lumineuses qui porteront son nom. Que de phénomènes inconnus n'aurait pas découverts un aéronaute, maître de son ballon, pouvant avec un sac de lest observer les bandes à des hauteurs différentes d'un ou deux kilomètres! Les protubérances rosacées, dont le *Moniteur* nous donne le dessin, ont offert l'aspect de morceaux de nuages, illuminés par le soleil et offrant un aspect extraordinaire. Si ces objets lumineux faisaient partie du disque solaire, ils auraient une dimension rectiligne qu'on ne peut évaluer à moins de 120,000 kilomètres. Mais avant de supposer que notre soleil porte d'aussi prodigieux panaches, nous demandons qu'on observe les éclipses totales dans des régions où l'on est sûr qu'il n'y a point de nuages, que l'air est d'une pureté absolue ! Jusque-là les conclusions des astronomes seront exposées à toutes les critiques des aéronautes.

Sans doute la leçon de cette année servira pour l'étude des éclipses qui auront lieu l'année prochaine. Mais nous ne pouvons nous empêcher de regretter que malgré nos protestations on n'ait point envoyé de ballon dans le golfe de Siam ou dans la péninsule de l'Indoustan ; car une longue suite de siècles s'écoulera sans doute avant que le cours des astres ramène une éclipse comparable à celle que l'on a gaspillée ! Que de phénomènes merveilleux sont peut-être ensevelis dans un éternel oubli, parce que la France a oublié de se rappeler qu'elle est la patrie des Montgolfier et de Pilâtre ! !

Certainement M. Émile de Girardin avait bien raison de demander, dans son journal *la Presse*, aux gouvernements civilisés de consacrer un grand nombre de millions à la conquête de l'air. Mais sans nous adresser si haut nous pouvons rendre quelques services à la conquête de la navigation aérienne, si nous lui consacrons le peu dont nous pouvons disposer de temps et de force.

Nous engageons les amis des sciences à ne point reculer devant les sacrifices nécessaires, jusqu'au jour sans doute fort lointain, où le budget des ballons atteindra la millième partie de celui des Chassepot ou des bombes !

Nous pourrons surtout nous flatter d'avoir apporté notre pierre au commun édifice, si nous parvenons à réhabiliter le plus léger que l'air parmi les inventeurs. Ne négligeons rien pour montrer à ces hommes hardis, doués d'une imagination vive, qu'ils désertent trop souvent une voie féconde, pour s'occuper de la solution d'un futile problème ! ! Que n'emploient-ils leurs ressources, leur intelligence, à se servir des armes aériennes que la physique met à leur disposition, et qui, même dans leur état actuel, peuvent déjà rendre tant de services aux sciences ! Que de progrès n'auraient point faits les ballons si les chercheurs n'avaient point dédaigné la pratique de la navigation aérienne en vue d'un progrès pour le moins incertain, chimérique peut-être !

Si les artistes ou les poètes comprenaient le charme des voyages en ballon, en yachts aériens, ils feraient de délicieux voyages circulaires. Ils nous rapporteraient des hautes régions comme une harmonie nouvelle ; ils nous dépeindraient le murmure des flots qui luttent avec la tempête. Ils nous décriraient le bruit rauque du tonnerre, la voix qui sort quelquefois du nuage, quand l'électricité palpite et que le ciel va lancer ou recevoir la foudre ! Pourquoi Shelly poursuivait-il la reine Mab sur les flots grossiers de la Méditerranée? Pourquoi n'a-t-il pas confié sa fortune au souffle de l'orage? Sur les ailes de la tempête, il eût couru moins de hasards ! Sa lyre aurait retenti sans se briser au milieu des éclairs ! Byron n'aurait point eu à lui rendre les honneurs funèbres. Un nouvel Hector, attendant Missolonghi, n'aurait pas allumé le bûcher de ce nouveau *Patrocle !*

Heureux celui qui pourra se laisser porter mollement sur les ailes de l'hydrogène, obéissant à tous les zéphirs, suivant le lit des grands fleuves d'air, admirant tantôt les déserts, tantôt les prairies fertiles, tantôt les capitales populeuses, voyant passer également vite à ses pieds les palais et les chaumières.

Qu'il est doux, quand on a assez du contact de la terre, de se perdre dans les nuages, de s'égarer dans les régions sublimes où l'aigle n'ose pénétrer, et de se laisser tomber dans les bosquets aimés de Philomèle !

A-t-on trop chaud, il suffit de sacrifier un sac de lest pour chercher les courants d'air froid où la poitrine se dilate ! Souffre-t-on du froid, qu'on laisse l'aérostat obéir à la pesanteur. Cette force mystérieuse le ramène bientôt à la surface de la terre.

Craignez-vous qu'un orage vous surprenne, que la pluie ne vous trouble dans vos rêves, vous n'avez qu'un peu de sable à sacrifier et vous voilà, d'un seul coup, affranchi de toutes ces misères !!

Saint-Simon, quoiqu'il ne fût jamais monté en ballon, avait compris le grand inconnu céleste, comme le prouvent les chevaleresques et étranges propositions qu'il adressa à madame de Staël.

« Viens ma bien-aimée, viens goûter le bonheur de « l'amour, au milieu des solitudes que trouble à peine « le dernier souffle des bruits de la terre ! imite la « gracieuse libellule qui ne se repose au contact des « fleurs que lorsqu'elle est devenue mère ! »

Quel est donc le Théocrite qui chantera un jour les idylles des plaines de l'air ?

Ce n'était point ici le lieu d'aborder ce côté encore vierge des questions aériennes. A peine avons-nous pu effleurer les innombrables problèmes que soulève l'étude de l'aéronautique. Nous avons même été obligé de la restreindre autant qu'il nous a été possible, sans encourir le reproche de faire de la navigation aérienne par trop terre-à-terre. Aussi sommes-nous heureux de pouvoir annoncer à nos lecteurs que le côté pittoresque des excursions aériennes a séduit le célèbre éditeur du *Tour du monde*. D'habiles dessinateurs ne tarderont point à initier le public aux paysages aériens, bientôt la nacelle des aérostats n'aura plus de mystères !

Mais, tout en supposant que l'observateur soit obligé de suivre le vent dans lequel son aérostat se trouve plongé, cela ne veut pas dire que le navigateur aérien soit, d'une façon absolue, son esclave. En effet, il lui reste, d'une façon incontestable, la ressource de choisir entre les courants aériens dont la direction varie très-souvent avec la hauteur. Le seul problème, comme le prouve entre autres la belle ascension maritime de Calais, consiste le plus souvent à savoir quel est le vent qu'il faut prendre. Un pas immense aura été fait quand on saura se servir des étoiles ou du soleil pour déterminer la route que suit l'aréostat dans un milieu où la boussole semble être hors d'usage.

Nous espérons bientôt montrer, par des expériences publiques, que le télégraphe peut servir à franchir avec sûreté, dans une direction indiquée à l'avance, un bras de mer, un continent, une chaîne de montagnes, un désert. Puisse le résultat de ces expéditions rassurer les trembleurs effarouchés par quelques accidents, dont les vrais coupables sont presque toujours les aéronautes. Mieux que tous nos raisonnements, ces exemples serviraient à réhabiliter les ballons injustement décriés par les gens qui restent à terre attachés par un incurable vertige.

Nous n'oublierons point que la cause de la navigation aérienne se trouve engagée jusqu'à un certain point dans le succès des expéditions que nous comptons exécuter en commun avec M. Gaston Tissandier. Car il importe surtout de démontrer au public, par des ascensions exécutées dans les circonstances les plus diverses, la futilité des terreurs dont tant de gens ne peuvent encore se débarrasser. Les ballons, compromis par l'exagération de certains récits, doivent être réhabilités par des expériences sérieuses.

Cependant même dans le cas où une issue funeste, qu'il ne paraît pas possible de prévoir, si l'on n'a épargné aucune des précautions nécessaires, viendrait à terminer quelque expédition exceptionnellement hasardeuse, les raisonnements que nous avons faits ne seraient point ébranlés.

La science compterait quelques victimes de plus à inscrire au martyrologe du progrès, à côté de Pilâtre, de Romain, de Zambeccari, de madame Blanchard ! On verrait que nous n'avons pas pris toutes les mesures nécessaires pour lutter avec succès contre l'Océan, et nous changer s'il le faut en simples navigateurs. Faisant mieux que nous, nos successeurs traverseraient et la Manche, et la Méditerranée, et l'Atlantique, parce qu'ils profiteraient de l'expérience que leur aurait donnée notre naufrage.

Beaucoup d'hommes qui valent mieux que nous se sont sacrifiés pour des causes moins utiles à l'humanité ! Que de cadavres étendus sur les champs de bataille, en ces jours où les nations fauves et furieuses se lancent les unes contre les autres, sans que souvent personne sache pourquoi ! Que d'expériences avant qu'il tombe sur le champ de bataille scientifique autant d'aéronautes que de zouaves ont été ensevelis dans les fossés de la tour Malakoff ! !

Nous ne pouvons nous empêcher de faire remarquer, en terminant cette trop courte préface, combien il est à regretter que toutes les personnes qui s'occupent de la navigation aérienne pratique ne réunissent pas plus souvent leurs ressources et leurs efforts ! Pourquoi ne fonderait-on pas un club d'aéronautes, dont tous les membres devraient avoir fait au moins une ascension libre, et qui ferait construire des ballons modèles mis à la disposition de ses membres pour se conduire les uns les autres ? Au lieu d'imiter les Anglais, pourquoi ne donne-t-on point un libre essor à notre génie national ? Pourquoi n'organise-t-on point des steeple-chases sur ce turf infini qui se nomme l'atmosphère, où les haies à franchir peuvent se nommer indifféremment les Alpes, les Pyrénées ou la Manche? A nos voisins paraît définitivement appartenir l'empire des mers. Pourquoi ne cherchons-nous point à conquérir en nous jouant l'empire de l'air, empire inconnu, immense, plus fécond qu'on ne le croit peut-être dans la philosophie officielle et vulgaire?

Avant la fin de l'année 1868, deux phénomènes astronomiques viendront réclamer le service des ballons. Tout le monde a nommé le passage de Mercure et la nuit des étoiles filantes. Le passage de Mercure ayant lieu le matin, l'observateur aérien peut reconnaître avec exactitude sa situation sur la sphère terrestre au moment où l'astre sortira du disque. Il donnera, avec son chronomètre, l'heure exacte, à une seconde près, de l'époque de l'émergence. Il fera une observation sûre, soustraite aux incertitudes qui ont tant de fois vicié l'étude des passages de Mercure, et dont nous avons donné, dans notre *Astronomie moderne*, une histoire assez instructive.

L'apparition des météores de novembre a été, l'an dernier, l'objet d'observations très-soigneuses dans toute l'Amérique, et dont nous allons publier sous peu de jours une étude. M. Newton a cru remarquer que le point de radiation de ces corps lumineux était une ligne à peu près parallèle à l'écliptique, et comprise dans le quadrilatère formé par les quatre étoiles γ, ε, μ, ξ. Cette ligne, sans épaisseur en latitude céleste, aurait environ 5° de longueur; ses coordonnées sur la sphère étoilée seraient : *latitude moyenne, 10° 15′ boréale; longitude de l'extrémité orientale, un peu moins de 145°; longitude de l'extrémité occidentale, un peu plus de 140°.*

Est-il nécessaire de faire longuement ressortir l'avantage qu'il y aurait à établir si le radiant de 1868 a les mêmes coordonnées célestes que celui de 1867? Comment être sûr de le faire en restant à terre, exposé à toutes les brumes, au lieu de contempler la sphère étoilée par un ciel d'une pureté absolue!

Cette année, la lune se trouvera reléguée du côté du jour; on pourra suivre toutes les circonstances du phénomène. Laissera-t-on cette gloire aux Yankees, qui vont sans aucun doute, l'année prochaine, employer les ballons à l'étude de la seconde éclipse, quoiqu'ils paraissent aussi mal placés que nous pour contempler l'apparition dans son maximum d'éclat.

Si nous sommes secondé, nous tenterons de suivre les étoiles filantes dans la nuit noire, et de rapporter à terre des renseignements dignes de l'intérêt croissant qui s'attache à ces phénomènes. Si les ressources nous manquent, nous déplorerons l'aveuglement de nos concitoyens, et nous le dénoncerons au mépris des siècles futurs!

Le célèbre Ericson vient, à ce qu'il paraît, de publier en Amérique un projet pour la construction d'une machine solaire, c'est-à-dire mise en mouvement par l'action des rayons du soleil. L'illustre Suédois a conquis le droit d'être utopiste. On nous pardonnera donc de ne point passer son projet sous silence.

Nous ne le suivrons point dans l'énumération fastueuse du nombre de machines à vapeur de cent chevaux que le pouvoir rayonnant du soleil permettrait de mettre en mouvement, si l'on pouvait recueillir, condenser la force répandue sur un kilomètre carré de surface. Mais il ne nous est pas permis d'oublier que la surface d'un aérostat analogue au captif de Londres n'équivaut pas à beaucoup moins d'un quart d'hectare. « Qui sait, » nous disait il y a quelques jours M. Richer, physicien, auteur de machines électriques, avec qui nous parlions des projets d'Ericson, « si les rayons du soleil ne fourniront pas la force motrice spéciale aux aéronautes, toujours maîtres de se maintenir au-dessus des nuages ! »

Que l'on soit indulgent pour nous si nous terminons cette préface par un beau rêve! si, malgré la réserve dans laquelle nous nous sommes fait une loi de demeurer, nous nous figurons hypothétiquement qu'un jour peut venir où le soleil nous aidera à triompher des orages [1] !!

14 octobre 1868.

1 Nous venons de lire dans le *Times* un article publié à propos du magnifique météore des 7 et 8 octobre, qui a été également aperçu en Angleterre. L'auteur rapporte une expérience très-intéressante de M. Phipson, membre de la Société chimique d'Angleterre, et auteur d'une traduction anglaise de nos *Eclairs et Tonnerres*. Ce savant a imaginé d'exposer aux vents une lame de verre, sur laquelle se trouvait de la glycérine très-pure, pendant la pluie des météores de 1867. En traitant cette glycérine par l'acide chlorhydrique, il a constaté la présence du chlorure de fer. On pourrait répéter cette expérience sous une forme un peu différente à une grande hauteur. C'est ce que nous essaierons de faire avec M. Gaston Tissandier, en recueillant les poussières de l'air. Les détails de ces opérations seront publiés dans le programme définitif des expériences que nous réaliserons.

W. DE F.

19 octobre.

LA SCIENCE EN BALLON

1. — Mes débuts aéronautiques.

Grâce à l'obligeance de mon ami Nadar et des propriétaires du *Géant*, j'ai été à même de prendre part aux ascensions qui ont été exécutées à l'esplanade des Invalides, pendant l'été de 1867. Ces trois promenades aériennes, dont le récit circonstancié a paru dans la *Liberté*, m'ont fait éprouver des émotions qui ont décidé de ce que je voudrais avoir le droit d'appeler ma vocation aérostatique. Car depuis cette époque je me suis senti entraîné par un irrésistible attrait à m'occuper presque exclusivement des questions célestes.

La construction du grand aérostat de l'Exposition universelle m'a permis d'exécuter un grand nombre d'ascensions captives dans l'enceinte de l'avenue Suffren. J'ai dû à cette circonstance le plaisir d'assister à de nombreuses ascensions de jour et de nuit, dans lesquelles j'ai pu faire quelques remarques fort simples, mais auxquelles je n'eusse pas été conduit, aurais-je eu vingt fois la science de M. Le Verrier, si je n'avais eu à ma disposition ce moyen d'observation.

Quelques promenades à bord de cet aérostat même captif m'ont suffi pour avoir un grand avantage sur les physiciens, qui n'ont jamais palpé l'air ; j'ai compris la proportion des forces nécessaires aux mouvements dans l'atmosphère, vingt fois mieux que si j'étais resté piteusement au pied du câble ; si je m'étais borné à disserter sur l'énergie des courants aériens, ou à démontrer l'impossibilité de s'envoler sans avoir recours au plus lourd que l'air.

Si la vue et l'usage quotidien du ballon captif n'avaient entretenu chez moi une sorte d'enthousiasme pour la navigation aérienne, je n'aurais jamais conçu l'idée d'une ascension nocturne que j'ai exécutée pour observer les étoiles filantes de Novembre. Différentes circonstances qui ne se fussent pas produites si l'on avait compris dans le monde scientifique l'importance de cette tentative m'ont empêché de jouir de la vue du phénomène dans toute sa majesté ! Je n'ai pu saisir en entier ce spectacle dont les astronomes se privent parce qu'ils ont peur de s'élever dans les airs, et croient que leur grandeur les attache, dociles esclaves d'une brutale attraction, au plancher des vaches scientifique ! Cependant le succès partiel que j'ai obtenu dans cette expérience importante a excité l'attention des savants américains. Je ne sais si j'aurai les ressources nécessaires pour recommencer cette année, mais si je suis obligé de rester à terre malgré moi, je pourrai me consoler en songeant qu'en Amérique on suivra mon exemple : on fera la chasse aux étoiles filantes au-dessus des nuages dans la nuit noire, où j'ai eu l'honneur de montrer aux astronomes la route à suivre.

Le succès moral que j'ai obtenu dans cette expérience importante m'a suggéré l'idée de renouveler la tentative de M. Nadar, qui a pris il y a quelques années des clichés célestes à bord d'un aérostat captif. Mais au lieu de me proposer de rapporter des épreuves artistiques, de fournir les éléments d'un cadastre exécuté à vol d'oiseau, je cherchai à utiliser la photographie pour reproduire les nuages et les phénomènes lumineux susceptibles d'être fixés. Je m'efforçai de jeter sur la terre de véritables sondages photographiques exécutés à l'aide d'un trou pratiqué dans le plancher de la nacelle, et devant permettre de trouver sur la carte d'état-major les lieux où l'aérostat s'était trouvé suspendu au moment des observations. L'éclipse de soleil du 23 février ne tarda point à me fournir une occasion favorable pour démontrer pratiquement l'excellence d'un plan qui aurait dû frapper depuis longtemps l'esprit des physiciens, tant il est simple et facile à exécuter avec des ressources médiocres, quoique supérieures à celles dont je disposais. Je fus, il est vrai, obligé de rester à terre malgré moi pendant la durée de cet intéressant phénomène; mais l'éclipse, qui n'était que d'une fraction de doigt ne put être aperçue par personne. Dans mon insuccès j'eus donc le plaisir de voir que ma démonstration était à moitié faite, puisque aucun des astronomes qui s'étaient fiés à la complaisance des nuages n'avait réussi à montrer que les ballons sont superflus.

Voici, du reste, comment les choses se sont passées.

Ayant eu à ma disposition un aérostat de 1,200 mètres cubes, auquel je donnai le nom d'*Entreprenant* en l'honneur du ballon républicain de Fleurus, j'obtins l'autorisation de faire mon gonflement à l'usine de la Villette, et l'administration du gaz fit exécuter tous les préparatifs nécessaires avec une obligeance digne des plus grands éloges. Malheureusement un vent assez violent s'était élevé quelques heures avant l'apparition du phénomène, au moment où l'on allait mettre du gaz dans le ballon. Mon aéronaute déclara qu'il lui semblait impossible de procéder à cette opération toujours délicate, au milieu d'une sorte d'esplanade ouverte à tous les vents. Pareille mésaventure ne serait point arrivée, il est à peine utile de le faire remarquer, si le ballon se fût trouvé au centre d'un écran circulaire pareil à celui que l'on avait établi autour du captif de l'avenue Suffren. Comment se fait-il que la nécessité d'élever un embarcadère aérostatique n'ait pas frappé depuis longtemps tous les bons esprits qui se sont occupés de navigation aérienne et que l'importance de cette disposition ait même échappé à des personnes qui ont organisé des ascensions captives?

L'insuccès de ma tentative n'est point le seul argument que l'histoire aérostatique de cette année puisse fournir en faveur de la construction d'embarcadères aériens. M. Arnaud ayant transporté à l'Hippodrome le captif de l'Exposition crut pouvoir se dispenser de construire l'écran circulaire. Cette économie mal entendue produisit un abordage entre le captif et le *Titan* qui exécutait dans la même enceinte une ascension pour le compte de M. Arthur Aguado. En moins de temps qu'il ne faut pour le dire, le ballon de 5,000 mètres, déchiré par la nacelle du *Titan*, s'aplatissait en présence des spectateurs épouvantés. Désespéré de la perte de son gaz, M. Arnaud intentait un procès à l'aéronaute qui conduisait le *Titan*, et qui cependant n'avait pu maîtriser une rafale imprévue survenant à une heure où l'air était encore agité par les derniers remous d'un orage. Nous sommes persuadés que les tribunaux déclareraient que la faute du sinistre est aux vents et à ceux qui n'enferment point leurs ballons dans une enceinte suffisamment élevée pour procéder sans danger au départ.

Voulant utiliser les préparatifs qu'on avait eu l'obligeance de faire et le gaz léger que l'on avait fabriqué à ma demande, je fis le surlendemain de l'éclipse une promenade aérienne pour étudier au moins d'une façon abstraite les conditions nécessaires à la réussite des expériences de photographie céleste. J'acquis la certitude qu'il n'est pas nécessaire que l'aérostat soit captif pour que l'on puisse opérer avec sécurité, et obtenir d'excellents clichés des points situés sous la verticale. Malheureusement il était entré de l'air dans mon ballon que j'avais été obligé d'abandonner pendant la nuit, attaché à des poteaux de fer au milieu de l'esplanade. Pendant que je dormais, ma force ascensionnelle avait été diminuée, et je fus obligé de laisser à terre le photographe qui devait m'accompagner dans ma petite expédition aérienne.

Depuis lors je n'ai pu m'entendre avec un autre praticien qui consentît à faire les frais, très-minimes cependant, d'expériences d'un si grand intérêt et d'un succès si certain. Cette pusillanimité n'a rien qui doive étonner quand on saura que j'ai offert inutilement à plusieurs savants, que je pourrais nommer, de venir à bord de l'*Entreprenant* dans les ascensions subséquentes dont je dois dire quelques mots.

Au lieu de me laisser abattre par ces contre-temps, je résolus de m'affranchir dorénavant de la tutelle d'un aéronaute toujours trop préoccupé du point de vue professionnel pour comprendre la nécessité de mettre en jeu le matériel quand il s'agit d'observer un phénomène arrivant à jour fixe, une éclipse qui n'attend personne. L'étude de la nature, qui est une guerre au couteau contre l'ignorance et la superstition, a en effet des exigences pareilles à celles de la profession militaire. Elle exige de la part des philosophes qui s'y adonnent le courage de s'exposer à des hasards souvent bien plus grands que le danger des ascensions. Est-ce que les chimistes et les médecins n'ont pas autant besoin d'héroïsme que les militaires qui vont chercher sur les champs de bataille, au milieu des balles et des boulets, la mort et la gloire?

Ma résolution me valut quelques critiques indirectes qui furent accueillies dans les *Comptes-rendus de l'Académie des sciences*. On oublia qu'être son propre aéronaute est une condition nécessaire à l'étude de l'atmosphère, comme M. Glaisher l'a bien compris. Car après avoir fait vingt-huit ascensions avec Coxwell, il s'est passé du secours de cet habile praticien, et s'est fait assister par de simples amateurs, assez bons physiciens pour partager avec lui la tâche délicate des observations.

Si nous voulions discuter à fond cette question épisodique, nous démontrerions que la conduite d'un ballon est avant tout un problème très-compliqué de physique, de sorte qu'un vrai physicien qui ne perd point la tête dans les nuages est un excellent aéronaute. Sans être physicien nous doutons même qu'un aéronaute puisse manœuvrer un ballon destiné à des expériences scientifiques. Comment, en effet, pourrait-il conserver l'horizontale sans avoir les yeux sur le baromètre en même temps qu'il jette le lest? comment peut-il se rendre compte de la vitesse qu'il donne à l'aérostat sans résoudre en un clin-d'œil des problèmes très-compliqués de mécanique aérienne? Ne faut-il pas qu'il se préoccupe de l'état hygrométrique de l'air qui peut surcharger sa toile de vapeurs d'eau s'il est humide, qui l'allégera avec une foudroyante rapidité s'il est sec et chaud? Ne doit-il pas faire attention à la rapidité avec laquelle le gaz se dilatera sous l'action de la chaleur, au ressort qu'il va acquérir par la projection d'une quantité notable de lest, à l'élan que les rayons du soleil lui donneront en quittant les nuages qui lui servaient d'écran [1].

[1] Un ballon de 10 mètres de diamètre aurait même, s'il était sphérique, plus de 400 mètres carrés de surface. Si les toiles se chargeaient d'une couche d'eau d'un millimètre d'épaisseur, l'aérostat serait donc subitement surchargé de 400 kilos de poids additionnel. Supposons que la couche d'eau n'ait en moyenne que 1/10 de millimètre, et qu'elle se condense brusquement ; le ballon est donc chargé de 40 kilogrammes. Si nous le supposons rempli de gaz hydrogène pur, sa force ascensionnelle brute sera de 1,200 kilos au plus ; elle peut donc varier presque instantanément de 3 ou 4 pour cent de sa valeur. L'effet inverse se produit si le soleil vient dessécher le ballon et lui donner des ailes. On peut dire que l'humidité atmosphérique peut donner à un aérostat de 6,000 mètres cubes en équilibre une force ascensionnelle presque égale à celle qu'avait le captif de l'avenue Suffren lorsqu'il était à l'extrémité de son câble par un temps calme.

Toutes les observations multiples nécessaires à la conduite du ballon doivent être notées, et constituent jusqu'à présent les données principales que la science a recueillies. Les mouvements aériens sont si rapides que le capitaine du ballon n'a pas quelquefois le temps de transmettre ses ordres pour les faire exécuter. S'il a besoin de quelqu'un, c'est surtout de secrétaires ou de collègues qui lui soient subordonnés. C'est surtout en l'air qu'il est juste de dire qu'un *capitaine doit être roi à son bord*. Commander en dictateur, ou obéir en esclave, il n'y a point pour le physicien d'autre alternative : avons-nous besoin de dire quelle est la solution qui convient le mieux aux intérêts de la science et à la dignité du savant !

Du reste le public se défiera toujours quelque peu des recherches exécutées par un physicien qui aurait érigé en principe qu'il est inutile d'imiter le facile courage des Gay-Lussac, des Barral et des Biot ! Car la première condition à remplir, c'est que les observateurs se trouvent aussi à leur aise dans la nacelle que dans leur cabinet.

Faut-il ajouter, hélas! que la question d'argent possède une valeur sérieuse dans un siècle où l'importance des observations aériennes est si singulièrement méconnue! En effet, tous les explorateurs aériens ne sont point assez heureux pour mettre la main sur des Mécènes célestes qui leur permettent de se doubler d'un mentor aérien toutes les fois qu'ils vont fraterniser avec les nuages.

Evidemment si nos magnats scientifiques proposaient que l'on employât les fonds libres de l'Académie des sciences à encourager la navigation aérienne, ils seraient libres de demander que l'on mît sous la garde d'un aéronaute les physiciens qui n'oseraient point s'enlever tout seuls. Mais je leur défends, dans l'état actuel des choses, de laisser jeter la pierre, sous l'ombre de leur nom, aux prolétaires de l'atmosphère qui ont bien assez de mal à naviguer tout seuls, *financièrement parlant.*

Nous ajouterons même qu'il est nécessaire que les physiciens aéronautes deviennent, s'il est permis de s'exprimer ainsi, de vieux loups de l'atmosphère ; qu'ils puissent sans hésitation imiter ce qu'a fait Gay-Lussac, qui a laissé Biot à terre comme s'il s'agissait d'un lest inutile, afin de parvenir à un point plus élevé.

N'y a-t-il point des ascensions dangereuses qu'il faudra bien un jour ou l'autre tenter? Est-ce qu'il n'est point nécessaire de sonder les nuées orageuses dans lesquelles Crosby prétend avoir été enveloppé malgré lui sans éprouver la moindre incommodité? Ne faut-il point regarder de près si les éclairs de chaleur, au milieu desquels l'aéronaute anglais raconte s'être promené, sont des décharges réelles et non, comme on l'a longtemps prétendu, de simples reflets d'éclairs éloignés.

Nul autre moyen, en effet, que des ascensions aérostatiques exécutées en temps d'orage, pour se prononcer sur la nature de ces lueurs que nous avons comparées aux décharges inoffensives des tubes étincelants de Geissler, où l'électricité circule dans un air raréfié (voir notre ouvrage sur les *Éclairs et Tonnerres*) [1].

[1] Le danger de ces excursions ne doit pas être à beaucoup près aussi considérable qu'on se l'imagine au premier abord ; car un grand nombre de voyageurs ont pu séjourner impunément dans des nuées orageuses, quoiqu'ils se trouvassent en communication avec le réservoir commun, tandis que l'aéronaute est isolé dans sa nacelle et prend forcément la tension électrique du milieu ambiant. Peut-être y aurait-il cependant à se préoccuper des inconvénients qui pourraient résulter de la présence de parties métalliques ?

C'est cet isolement du physicien dans l'atmosphère qui rend très-difficiles les observations sur l'électricité. Gay-Lussac avait imaginé de laisser traîner de longs fils conducteurs, ce qui ne

Peut-on se vanter de connaître la loi de formation des orages, si l'on n'affronte les régions où ils prennent naissance, si l'on n'assiste à la formation de la nuée d'où la foudre s'apprête à sortir? N'est-il pas temps de contrôler cette théorie si controversée mais si ingénieuse de Volta, qui nous apprend que les grêlons exécutent la *danse des pantins* entre deux nuages, aussi bien que deux boules de sureau oscillant entre deux plateaux électrisés? Il me semble que je m'exposerais sans répugnance à quelques hasards assez grands pour assister à d'aussi étranges évolutions. J'aimerais à naviguer au milieu de ces singuliers projectiles, à les voir se couvrir devant moi de couches de givre ou de neige à moitié fondue.

Que ne donnerais-je pas pour suivre la génération de ces masses dont le poids excite toujours une vive surprise et qui produisent de si terribles ravages sur les moissons? Peut-être les grêlons sont-ils là-haut des voisins plus paisibles qu'on ne saurait l'imaginer. Quelles sont les attractions électriques qui les supportent? Mystère, mystère, toujours mystère!

La science humaine, si audacieuse dans ses conclusions, laissera-t-elle un inconnu noirâtre planer toujours au-dessus de nos têtes? Nuée menaçante, en vain tu fais briller tes

serait point une pratique à dédaigner. Ces fils pourraient même, dans certains cas, être mis en communication temporaire avec le sol, et notamment avec des masses d'eau quand l'aérostat se trouverait au-dessus d'un fleuve, et notamment au-dessus de la mer. C'est sans doute dans ce cas que les expériences offriraient quelques dangers, car le ballon serait comparable à un immense paratonnerre. Il ne faudrait y procéder qu'en employant des précautions spéciales et jamais lorsque quelques symptômes indiqueraient l'existence de quelques troubles atmosphériques.

Peut-être y aurait-il à étudier la répartition de l'électricité à la surface du ballon et dans la nacelle, car cette répartition offrirait sans doute des particularités très-curieuses, surtout pour un ballon de 10,000 mètres cubes, par exemple. En effet, de l'extrémité inférieure de la nacelle à la soupape il y a bien une trentaine de mètres de différence.

éclairs et gronder ton tonnerre, un jour viendra, si le gaz me prête ses ailes, où j'irai écarter tes longs tourbillons fumeux !!

Que de phénomènes étranges ne parviendra pas à constater le premier aéronaute qni aura la bonne fortune de se trouver surpris par une trombe analogue à celle de Malaunay, par un cyclône aussi terrible que celui qui a failli engloutir *la Junon* (voir les comptes-rendus de l'Académie des sciences en 1868). En effet, maint ouragan, terrible pour les habitants de la terre ferme ou pour les navigateurs de l'océan, ne fera qu'accélérer la vitesse des ballons, sans danger pour les passagers de la nacelle. La giration de l'aérostat ne serait gênante pour les aéronautes, que si, malgré cette valse aérienne, ils voulaient observer les astres ou tirer des clichés photographiques de la terre bouleversée.

Le savant qui a conçu de hardis projets n'a le droit de les exécuter que s'il réduit au minimum le nombre des vies à risquer, que si pour augmenter sa propre sécurité il ne surcharge point sa nacelle de non-valeurs scientifiques.

Vainement objecterait-on que les préparatifs du départ empêcheront le physicien de se livrer à des observations utiles s'il n'a point d'aéronaute pour guider le bâtiment. En effet, malgré la meilleure volonté du monde, l'expérimentateur le plus alerte ne commencera à lire utilement ses instruments que lorsqu'il sera en l'air depuis quelque temps, même quand il est simple passager. Il doit procéder forcément à une sorte d'arrimage ou d'installation qui ne peut se compléter avant le moment où la nacelle cesse de toucher au plancher des académies. La descente représente d'une façon bien plus nécessaire encore une perte de temps pour la météorologie. Que le physicien soit seul ou accompagné, il interrompt les observations, pour protéger les instruments toujours exposés chaque fois qu'il veut attérir; Glaisher n'a jamais négligé cette précaution. Cependant il se trouvait dans d'excellentes conditions pour ne point se préoccuper de la descente, car son aérostat était guidé par Coxwell, un des meilleurs praticiens de l'époque. Le directeur de l'observatoire météorologique de Greenwich n'est point assez riche pour emporter chaque fois avec lui dans les hautes régions atmosphériques de nouveaux instruments. Eût-il à sa disposition tous les trésors de l'Angleterre qu'il eût hésité à sacrifier ainsi ses outils, pour mieux dire ses vieux amis, dont un physicien ne se séparera jamais sans nécessité absolue !

Il y a une variété singulière, parmi les savants, qui ne consentent sous aucun prétexte à confier leur fortune à un aérostat. Tout en restant imperturbablement à terre, ces étranges régents scientifiques n'abandonnent point la prétention d'exercer une sorte de juridiction sur les aéronautes.

Ils veulent les guider, les surveiller du fond de leur cabinet !

Ces savants prétendent que malgré notre peu de valeur nous ne sommes pas nous-mêmes ce qu'ils appelleraient de la *chair à ballon!* A les entendre, il suffit d'expédier en l'air, non pas des bacheliers, ou même des journalistes qui sachent par cœur leur table de Pythagore, mais de simples sergents d'artillerie. On n'a qu'à les lancer avec une consigne rédigée à l'avance et des instruments automatiques. Il n'y a même pas besoin de savoir lire pour ouvrir et fermer quelques robinets. Ils n'ont qu'à remplir des fioles et des tubes où l'air destiné aux analyses se précipitera avec sa température, son état d'humidité, et mieux sa pression !

A la guerre, ce sont les généraux qui marchent à l'avant-garde, et les capitaines qui entraînent leurs bataillons. Nos maréchaux scientifiques restent dans les bagages. Il n'y a point parmi eux de Condé qui jette son bâton de commandement au milieu des retranchements ennemis ! Des hommesmachines pour explorer les plaines infinies de l'air, voilà ce qu'ils ont osé rêver! Hélas! ce n'est point assez de toute l'intelligence, de tout le courage dont des hommes d'élite sont susceptibles pour résoudre la millième partie des problèmes que l'on rencontre là-haut.

Dans le temps nous avons essayé de faire revenir ces savants de leur erreur véritablement burlesque, car les instruments les plus délicats du monde sont beaucoup trop paresseux lorsqu'il s'agit d'ascension pour que l'on puisse compter sur leurs indications. Un thermomètre très-sensible prend environ une demi-minute pour se mettre en équilibre de température; or, pendant une demi-minute le ballon peut avoir parcouru deux à trois cents mètres en hauteur et un demi-kilomètre en ligne droite. Le thermomètre, quoi que l'on fasse, écrit toujours de l'histoire ancienne. Que serait-ce si on laissait l'air entrer dans le fond d'un tuyau pour déterminer par une analyse ultérieure ce qu'il contenait de degrés de chaleur et de vapeur d'eau [1].

Malgré la grande perfection du travail, certains physiciens doutent que le baromètre Richard lui-même soit assez prompt à obéir. C'est à l'aide des ascensions captives qu'on arrivera seulement à savoir ce qu'il dit quand on le fait parler [2] !

[1] Nous nous proposons dans une prochaine ascension de compléter les indications des thermomètres ordinaires par un instrument différentiel inventé par M. Walferdin, et qui, malgré son immense rapidité, n'est peut-être pas lui-même assez prompt à indiquer les variations du milieu ambiant. Que serait-ce si l'on compliquait le problème en en faisant passer l'air dans un tube, par l'orifice d'un robinet. La vérité terrestre a eu beau sortir d'un puits, nous sommes certains que ce n'est point du fond d'une bouteille rapportée par les aéronautes, que les physiciens feront sortir la vérité céleste dans leur laboratoire et dans leurs cabinets.

Le baromètre Richard est construit d'après le système de

Croit-on que des esprits éminents habitués à des recherches scientifiques seraient arrivés à ce degré d'aveuglement si l'usage des aérostats captifs se fût continué dans les ascensions militaires, si les ballons ne fussent descendus dans les champs de foire, comme un accessoire des fêtes publiques, toujours prêts à s'envoler pour la gloire de tous les saints et de tous les souverains !

Ne pouvant inspirer la confiance nécessaire à des physiciens plus expérimentés que moi, je m'adressai à M. Chavou-

M. Bourdon. C'est un tube vide d'air qui se courbe ou se détend suivant que la pression barométrique est plus ou moins puissante. Les variations de pression barométrique sont marquées sur un cadran à l'aide d'un mécanisme très-délicat et en même temps très-solide. Je conserve un baromètre qui a fait trois ascensions consécutives sans se déranger. Mais malgré la rapidité avec laquelle la pression se transmet au métal, il faut un certain temps pour que les mécanismes obéissent. Toute variation brusque doit produire un *lancement* dans un sens ou dans un autre. Ce lancement est-il appréciable? Y a-t-il une correction à introduire? Une longue expérience peut seule répondre à ces questions. Très-petites, ces corrections ne peuvent être nécessaires pour la manœuvre même du ballon. Quant aux variations produites par les changements de température, elles sont nulles à cause d'un système de compensation dont M. Richard est l'inventeur. Aussi ce baromètre est-il bien supérieur au baromètre à siphon, anciennement en usage. Il n'est pas superflu de noter que la première tentative d'emploi d'un baromètre métallique eut lieu à l'Ecole aérostatique de Meudon du temps de la première république. C'est aux aérostats républicains que l'on doit donc l'invention de ce bel appareil.

M. Richard s'occupe de construire un baromètre enregistreur, qui, quoique moins sensible que le baromètre libre, pourra donner des indications bien utiles. Il cherche également à appliquer ce système de baromètre à la détermination des températures. Dans ce cas, au lieu d'être vide ou à peu près, le tube est rempli d'air à une pression déterminée. Il est à craindre que cet instrument ne prenne point les températures avec une rapidité suffisante, quand on voit la lenteur avec laquelle obéit le thermomètre à mercure lui-même. Toutes ces questions, et beaucoup d'autres du même genre, préoccupent depuis de longues années M. Richard, et nous ferons nos efforts pour que les ascensions servent à donner quelques lumières à cet égard.

tier fils, architecte, qui a fait les installations de la salle des Conférences du boulevard des Capucines, et qui consentit à me suivre, quoiqu'il ne fût jamais monté en ballon. Il me servit de second, et son frère cadet, très-bon gymnaste, me servit de gabier. Mes deux recrues aéronautiques m'accompagnèrent dans deux ascensions qui nous conduisirent, la première dans la forêt de Compiègne, et la seconde dans le voisinage d'Orléans. Ces deux excursions furent si heureuses que le plus jeune des Chavoutier résolut de s'adonner à la navigation aérienne, et que depuis lors il a été admis dans les ateliers de M. Yon, où il travaille à la construction des ballons. Les observations relatives à ces deux ascensions furent faites par M. Dolfus-Ausset le célèbre glaciairiste, qui vint même à mon aide avec beaucoup de générosité pour subvenir aux frais qu'elles ont nécessitées. Les calculs de réduction furent exécutés par M. Edouard Colomb, trésorier de la Société de géologie. A l'issue de ces dernières ascensions, mon confrère M. Paschal Grousset, rédacteur scientifique de l'*Epoque* et passager d'une des ascensions du *Géant*, me chargea d'un cours de navigation aérienne, que je professai pendant trois mois à l'Institut libre du boulevard des Capucines. L'indifférence du public pour les fondations utiles entraîna la chute de cette chaire indépendante qui ne sera point ouverte l'an prochain. Je résolus donc de résumer dans une publication spéciale les vérités que j'avais développées pendant cette période d'enseignement, et qui m'avaient valu l'approbation précieuse de quelques auditeurs choisis.

II. — État actuel de la navigation aérienne.

Je fus confirmé dans ce dessein par un voyage que je fis à Londres, à la fin du mois de juin dernier, afin d'assister à la première exposition universelle de la Société aérostatique d'Angleterre, qui avait été pompeusement annoncée par tous les journaux anglais. Je me faisais un véritable plaisir de constater le fruit obtenu par des efforts sérieux, par un peuple pratique, habitué à l'étude des mécanismes, à la solution d'une multitude de problèmes industriels et scientifiques. Mais j'avouerai que jamais peut-être de ma vie je n'éprouvai un pareil désenchantement.

Je compris alors que certains arts, jadis perfectionnés, peuvent, dans quelques cas, tomber en décadence et s'oublier peut-être. Qui oserait dire que les ballons ne finiraient point par disparaître de la physique, si on partageait l'indifférence des grands savants patentés? Dans quelques siècles ils auraient, comme la peinture sur verre, besoin d'être réinventés peut-être.

Les inventeurs avaient poussé jusqu'à un point véritablement extraordinaire l'oubli des principes élémentaires de dynamique aérienne. On eût pu croire qu'aucun d'eux, pour ainsi dire, ne s'était tenu au courant des expériences faites dans ces dernières années. Ils s'étaient épuisés en combinaisons bizarres pour mettre en mouvement des ailes ou des hélices attachés à l'équateur de leurs navires aériens. Aucun d'eux certainement n'avait compris que la puissance développée en un point quelconque de la nacelle se transmet à toute la masse par les cordes de suspension [1].

Le seul aérostat qui fut appelé à fonctionner dans cette occasion solennelle était une montgolfière ambitieuse malgré ses imperfections, se flattant de faire ce que les meilleurs

[1] Nous mentionnerons pour mémoire des vaisseaux destinés à être remplis de gaz hydrogène, et ayant la forme de vaisseaux ordinaires destinés à naviguer sur l'eau. Les ailes destinées à mouvoir ces constructions bizarres étaient quelquefois des ailes naturelles de cygne et même d'oie.

ballons eux-mêmes ont tant de mal à exécuter. Son propriétaire était venu à Londres pour exécuter des ascensions captives à l'instar de celles qui ont eu lieu à l'avenue Suffren et à l'hippodrome de Paris. Son appareil retapé plutôt que perfectionné ne put même pas parvenir à voir l'air une seule fois. Pendant le premier gonflement, qui fut tenté le jour même de l'ouverture de l'Exposition, arriva la catastrophe inévitable que chacun aurait dû prévoir. Un vent médiocre, qui n'aurait pas dérangé l'ascension d'un captif comme celui de l'avenue Suffren, suffit pour renverser un gros globe doué d'une force ascensionnelle très-faible malgré son immense volume ; en effet, chaque mètre cube d'air chaud donne à peine 2 à 300 grammes, le quart ou le cinquième de ce que produit l'hydrogène dans un captif bien gréé. Les toiles tombèrent sur le fourneau qui devait les gonfler. La combustion fut si prompte que les visiteurs du Palais de Cristal eurent à peine le temps de s'apercevoir du sinistre qui privait les fêtes de leur plus bel ornement ! Une lueur aussitôt éteinte qu'allumée, et la montgolfière avait vécu ! !

Malgré le malheur qui a frappé un infortuné compatriote, nous ne nous sentons point la force de regretter l'insuccès d'une expérience qui était curieuse en 1784 aux jardins du papetier Réveillon, mais qui témoignait, en 1868, d'une sorte d'ignorance relative des conditions nécessaires à l'exécution d'une série d'ascensions captives. Grâce à un miracle d'habileté, le premier des aéronautes, l'intrépide Pilâtre, est parvenu, il y a 86 ans, à enlever sans accident le major d'Arlandes et les dames de Montalembert avec une montgolfière captive. C'est avec cette montgolfière captive qu'il a prouvé au monde civilisé que l'air est navigable. Mais l'aéronautique malgré la résistance des corps savants et des autorités constituées n'en est plus au point où elle se trouvait il y a soixante-seize ans, avant que le coq, l'âne et le mouton eussent accompli leur voyage de Versailles dans une cage d'osier ; on n'a plus besoin aujourd'hui de convaincre ni prince ni empereur, car il n'y a plus d'autorisation à obtenir comme au temps du roi Louis XVI, qui voulait à toute force faire tâter l'air par un condamné à mort[1].

On se sentait saisi de pitié en présence d'étalages couverts de bibelots qui, quoique neufs, semblaient sortir de la boutique d'un marchand de bric-à-brac. Au premier rang brillait le fameux *vaisseau-cigare*, ballon-tunnel façonné en hélice, dans l'intérieur duquel un inventeur prétend emprisonner ses passagers. Tyran d'un nouveau genre, il voudrait organiser des chiourmes aériennes dans de grandes cages volantes, que cinq ou six cents écureuils humains feraient tourner assez vite pour qu'elles pussent se visser dans l'air.

Au-dessus de ces maigres produits se balançait le modèle d'un ballon dirigeable que l'on a vu figurer à l'Exposition universelle de Paris. Cette fois, il avait été rempli avec de l'air ordinaire, entonné dans une baudruche à l'aide d'un soufflet. Cet appareil était suspendu entre deux chevilles comme une lanterne, avant l'usage du gaz dans les rues de Paris. Plus près de la grande nef fonctionnait de temps en temps un modèle de chariot volant à vapeur, inventé par M. Springfellow. Ce joli joujou aéronautique se déplaçait dans l'air toutes les fois que l'on mettait en mouvement une machine à vapeur chauffée avec de l'huile de pétrole et imprimant à deux hélices une vitesse de six cents tours par minute. Mais ce qui diminuait beaucoup le mérite de la seule expérience qui attirât un nombre notable de spectateurs, c'est que l'appareil n'était

[1] Pilâtre eut recours à la gouvernante des Enfants de France, pour obtenir l'*autorisation d'exposer sa vie*. Quelle différence avec les savants dont nous avons parlé plus haut ! Si tous les physiciens professaient des opinions aussi prudentes, qu'est-ce qui oserait dire que la science n'a point dégénéré.

point en état de voler seul, quoiqu'il ne pesât que six kilogrammes. Il avait besoin d'être soutenu par une sorte de fil de fer, véritable rail aérien d'une vingtaine de mètres, sur lequel il se balançait. Il rappelait le fameux câble aérodynamique à l'aide duquel on avait imaginé de transporter par air des voyageurs de la place de la Concorde à Saint-Cloud, et qui n'aurait pu réussir que si on avait enfermé câble, ballon et machine dans une gare allant d'un bout à l'autre de la voie.

Dès 1782, Blanchard avait pu réaliser une expérience bien plus concluante que toutes celles qui ont arraché des cris d'enthousiasme aux badauds de Londres et de Paris. Malgré toutes les brochures qui ont été publiées, tous les discours qui ont été prononcés, on peut dire que depuis l'invention des ballons, *le plus lourd que l'air* n'a point fait un seul pas !

Blanchard, qui ignorait alors à quelles brillantes destinées *le plus léger que l'air* allait le conduire, s'était attaché des espèces d'ailes derrière les bras. Mais le futur aéronaute se rendait trop bien compte de la difficulté du problème dont il poursuivait la solution pour chercher à arrêter par les cornes le taureau volant. Il s'était fait accrocher par une ficelle qui passait par une poulie placée au haut d'un poteau fiché dans une des cours de la rue Taranne, et dont l'autre extrémité portait un contre-poids. En agitant avec courage et vigueur ses ailes, il parvint à s'élever sans être complétement équilibré, diminuant ainsi par le mouvement de ses appareils le poids qui le retenait à la surface de la terre.

Combien il était loin du vol de l'aigle et même du pigeon ! Mais combien n'était-il pas mieux avisé que l'inventeur anglais, qui s'était fait suspendre à l'extrémité d'une corde? Car n'ayant point pensé à se faire partiellement équilibrer à l'aide d'un contre-poids, cet émule attardé de Blanchard ne put quitter terre quoiqu'il remuât ses bras-ailes avec vigueur et qu'il eût ajouté à l'appareil de Blanchard une immense queue[1].

C'était le rendez-vous de toutes les folies aéronautiques. Il n'y manquait que le fameux Domitor, qu'on a longtemps exposé près de l'Hippodrome, où l'inventeur expliquait que plus la colonne d'air sous-jacente est élevée, plus elle offre de résistance pour empêcher la chute d'un plancher orné d'un régiment d'éteignoirs de carton. Mais il y avait un petit modèle du fameux ballon de cuivre, que le bon Dupuis-Delcourt avait fait construire et qui n'alla jamais que de son atelier à la rue de Lappe, où il fut mis en lingot par un Auvergnat.

Dans une autre partie de l'édifice, on avait réuni plusieurs machines dites légères, parce que, suivant les inventeurs, elles devaient produire un effet considérable sous un faible poids.

1 Voir, dans l'*Aéronaute* de juillet, le récit de M. Smiter, qui a assisté à l'expérience. Rien n'égale l'extravagance des projets des volants si ce n'est la crédulité des journaux (voir le *Siècle* et le *Petit Journal*), qui annonçaient périodiquement la réussite d'expériences ridicules. Il y a trois ans, j'ai assisté, à l'Académie des sciences, à la lecture d'un mémoire sur le vol artificiel à l'aide d'ailes inventées par l'auteur. Le personnage proposait gravement d'apprendre à voler à son *élève* à l'aide d'un ballon, comme un maître à nager le fait dans une école de natation... Quand l'apprenti volant serait assez fort on couperait la ficelle et on l'abandonnerait à lui-même.

Nous avons vu, dans une cour du palais de Cristal, un appareil qui ressemblait beaucoup plus à des béquilles qu'à des ailes, et dont l'inventeur annonçait s'être servi avec succès. Nous doutons qu'il soit parvenu à faire une chute aussi brillante que le fils de Dédale; n'est point Icare qui veut! Probablement qu'il aurait eu du mal à imiter même ce grand seigneur de la fin du siècle dernier, qui se lançant d'une des fenêtres du quai Voltaire, alla papillon d'un nouveau genre s'abattre sur un des bateaux de blanchisseuses qu'on voit près du pont Royal. Ajoutons à la même catégorie d'expériences désespérées celle du musicien qui il y a près de deux siècles se lança du haut de la terrasse de Saint-Germain, et alla se casser la jambe dans la plaine qu'arrose la Seine, ce qui lui ôta l'envie de recommencer.

On y voyait en première ligne une machine rotative en acier, destinée à marcher par l'explosion du *fulmi-coton*, et dont le poids ne dépassait pas 60 kilogrammes. Il est possible que cet appareil possédât réellement la force d'un cheval que le catalogue annonçait, car personne, je crois, ne l'a vu marcher. Nous ne pourrions parler autrement de la machine à gaz de Brighton, qui devait brûler de l'huile de pétrole, comme les navires à vapeur commencent à le faire en Angleterre et aux Etats-Unis, et qui s'est également reposée pendant presque toute la durée de l'Exposition. Les seules machines qui aient offert une marche régulière sont, à ce que nous croyons, le *moteur en aluminium* de M. Ponton d'Amecourt, et un appareil construit par le duc d'Argyle pour étudier le mécanisme du vol des oiseaux en sautillant sur place.

La Compagnie du Palais de Cristal avait proposé un prix à la machine qui pourrait se soutenir et se mouvoir en l'air à une distance bien modeste de dix pieds du sol, et pendant cinq minutes seulement. Le duc de Sutherland en avait offert un autre pour un appareil qui élèverait un homme à la hauteur de cent pieds sans le secours d'un ballon. Enfin la Société aéronautique donnait une somme assez ronde à l'inventeur de la machine la plus légère relativement à sa puissance. Mais tous ces prix, toutes ces primes, tout ce zèle n'ont fait que mettre en évidence la pauvreté des moyens d'action, la stérilité des projets exposés !

III. — Inutilité du plus lourd que l'air.

Loin de nous la pensée de condamner en principe les recherches dont le plus lourd que l'air a été l'objet, mais il semble évident que les efforts qu'on a faits pour le réaliser ont achevé de ruiner, dans l'esprit des gens sérieux, les aéronautes que les expositions dans les champs de foire et les hippodromes avaient injustement compromis. Peut-être en serait-il autrement si l'inutilité de ces tentatives n'avait été exploitée par beaucoup de physiciens timides, qui craignent d'être obligés de s'envoler un jour, et qui se mettent en garde contre la nécessité de pareilles aventures, en appliquant la théorie du Renard et des Raisins. Quiconque monte en l'air est suspect de cacher dans sa poche un petit système complet. On peut dire que la direction des ballons est devenue ce qu'était le socialisme il y a quelques années. Les uns ne croient à rien et les autres croient que le navire aérien peut sortir tout gréé du cerveau d'un inventeur.

Quels que puissent être les mérites futurs du plus lourd que l'air, nous croyons qu'il est nécessaire de dégager nettement sa cause de celle de la direction aérienne avec des ballons, je ne dis pas dirigeables, mais même avec des ballons qui, comme les nôtres encore, n'aient rien à refuser au vent.

Nous pouvons même aller plus loin et ajouter qu'il y a tout un ordre de recherches dans lesquelles la découverte de la direction aérienne est parfaitement indifférente, qu'elle soit réalisée par le plus lourd que l'air ou autrement.

Les aéronefs, les aéroscaphes sillonneraient dans toutes les directions l'atmosphère, qu'il y aurait encore des plages inaccessibles pour eux, où les physiciens doivent s'engager s'ils aiment la science dont ils portent le nom.

Des savants entreprenants, comme devraient l'être depuis longtemps nos académiciens en renom, devraient encore s'abandonner volontairement au gré des vents, comme nous sommes obligés de le faire malgré nous, s'ils tenaient à étudier la haute atmosphère, sans la connaissance de laquelle la physique la plus soigneuse restera toujours un jeu d'enfants!

Comment, en effet, pénétrer avec des appareils compliqués et d'un poids considérable, avec de lourds ballons pesamment dirigeables, dans des plages où l'air est si rare, où les oiseaux bons voiliers eux-mêmes ont tant de peine à se soutenir ? Quel est l'inventeur qui oserait rêver de se servir de l'aile artificielle dans les régions où l'aile naturelle ne sert plus à rien ?

C'est dans le sein de ces régions lointaines, effrayantes, ignorées, que se préparent, sans doute en silence, tous les changements de temps. Le froid et le chaud, qui alternativement s'abattent sur nos demeures, commencent probablement par se manifester là haut. Un aéronaute plongeant en pleine atmosphère, dans les régions vierges encore de tout contact humain, se heurterait sans doute contre la température de l'avenir. Il pourrait probablement annoncer aux habitants de la surface le sort qui les attend ; il dirait si les crises thermométriques sont sérieuses, s'il faut faire venir de la glace ou amasser du charbon.

Mais ces pronostics rationnels ne sont point les seuls résultats scientifiques que l'on doive aller chercher là haut.

C'est seulement en s'élevant à d'énormes hauteurs, inaccessibles aux aéronefs, que l'on peut saisir les limites de l'atmosphère aqueuse, de l'eau, nouveau Protée, qui prend tant de formes, qui est tantôt vapeur indécise, tantôt liquide pulvérulent, tantôt solide diamantin sculpté en mille formes gracieuses ! C'est en bravant cet inconnu encore ténébreux que l'on pourra pénétrer le mystère de la constitution du milieu planétaire, ou tout au moins que l'on devinera la nature de notre frontière aérienne, enveloppe-énigme qui sépare de l'espace céleste notre atmosphère respirable. L'aéroscaphe et l'aéronef seront toujours inutiles pour les Christophe Colomb de l'atmosphère qui voleront sur les traces de Gay-Lussac, de Robertson et de Glaisher. On ne saurait construire des ballons en soie assez imperméables, assez légers, remplis de gaz assez éthéré pour voltiger au milieu des airs lointains. On ne saurait palper trop souvent les diamants coupables des erreurs d'optique que la superstition a exploitées, les légers chapelets de cristaux où Bravais a saisi l'origine de la croix de Constantin. Ce sont des sphères légères de taffetas gonflé d'hydrogène, qui révèleront la course des véritables courants généraux. A cheval sur la tempête, l'aéronaute ne se laissera point égarer par les courants particuliers, qui font tourner la tête à toutes les girouettes du voisinage. Mieux que Maury, à l'aide de milliers d'observations viciées par le contre-coup des aspérités de la surface, il saura dire en une seule fois d'où vient le mistral, où se rend le vent du désert! Il ira s'échouer avec le Fœhn sur les hauts sommets des Alpes, ou jeter son grapin sur les cîmes de l'Atlas.

Quand même le physicien saurait par impossible se diriger dans ces espaces sublimes, il se garderait bien de se servir de ses ailes pendant la durée de ses observations. Il ne les déploierait que dans le voisinage immédiat des mers. Qui donc, en effet, serait assez fou pour s'épuiser en efforts afin de résister à un vent qu'il n'a qu'à suivre docilement pour recueillir une multitude de renseignements curieux? Il serait en effet indigne du nom de savant, celui qui oublierait qu'il ne peut résister au courant sans développer des pressions, des frictions, des températures, des électricités qui perturberaient toutes ses opérations. A peine si, dans son état actuel, la physique est arrivée à construire des instruments assez sensibles pour déterminer les éléments météorologiques du courant qui entraîne l'aérostat. Si l'on marchait en sens inverse, les pauvres appareils dont notre science doit bien se contenter faute de mieux, perdraient bien vite la tête.

Si l'on veut se figurer quelle serait la position d'un physicien à bord d'un aéronef, il faut se représenter ce qu'elle est déjà à bord d'une montgolfière, où le travail cependant se borne à entretenir la combustion d'un foyer.

Lors de l'Exposition universelle de 1868, on proposa à

M. Glaisher de monter avec des instruments à bord de la fameuse montgolfière qui devait faire le service des ascensions au Palais de Cristal. Il se hâta de refuser, même avant de savoir que l'appareil devait brûler. Au contraire il m'a chargé de lui retenir une place permanente à bord du captif qui fonctionnera à Londres le printemps prochain [1].

On aurait le droit de dire que le physicien aéronaute ressemble à ces grands princes timides que l'on a vu s'accroupir dans la nacelle du ballon captif de l'avenue Suffren? S'il ne sentait comme eux le désir d'échapper au vertige, il ne renoncerait point aux recherches si multiples, si intéressantes qu'il peut exécuter sans danger avec des aérostats vagabonds. Pourquoi abandonnerait-il, en vue d'un aéronef chimérique, les ballons qu'il faudrait inventer pour les besoins scientifiques, si le plus lourd que l'air régnait sans partage? Pourquoi traînerait-il là-haut le bruit et le mouvement d'un bateau à vapeur, d'un de nos enfers industriels d'ici-bas?

IV. — Le danger des ballons a été exagéré.

Mais, dira-t-on, si l'expérimentateur tombe dans la mer, s'il se trouve perdu au milieu d'un désert! Combien il est

[1] Qu'il nous soit permis de faire à ce propos une remarque de quelque importance. Le captif de l'avenue Suffren a fonctionné pendant plus de deux mois l'an dernier. Il a été transporté à l'Hippodrome où il a exécuté des ascensions régulières, pendant près de trois mois. Cependant aucun physicien n'a profité des propositions qui ont été faites pour établir une série d'observations permanentes. C'est bien le cas de dire que nul n'est prophète dans son pays. L'usage des ascensions captives scientifiques ne tardera point à se généraliser malgré cette résistance. M. Dolfusse-Ausset de Mulhouse va faire construire un ballon en soie qui enlèvera simplement des thermomètres *a maxima et a minima* à une assez grande hauteur et avec lesquels il fera de terre des observations semi-quotidiennes, quelquefois horaires.

facile, grâce au courage de M. Glaisher, de montrer toute l'exagération de ces craintes.

Quoique l'Angleterre soit un pays d'une très-faible superficie, environné d'eau de toutes parts, M. Glaisher est parvenu à exécuter sans accident vingt-neuf ascensions, dont une à plus de dix mille mètres d'altitude. Comment oserait-on nous soutenir que l'on ne saurait parvenir à faire mieux encore en choisissant comme théâtre d'ascensions aérostatiques une station située au centre d'un pays plus vaste, par exemple du continent européen. Déjà en partant de Bourges, qui est à peu près le point central de la France, on serait sûr de rester longtemps en l'air sans se mouiller les pieds dans l'eau salée. On n'a, du reste, que l'embarras du choix, si l'on ne trouve point que la largeur de l'empire français soit suffisante. Nos amis d'Amérique sont encore mieux partagés que nous, si leurs aéronautes, tout en ayant l'ambition de faire de longues courses, ont, autant que les nôtres, la crainte de tomber à l'eau. Car la nature a mis à la disposition de leur jeune et féconde civilisation un plateau immense bien plus large que notre Europe si étranglée. Qu'est-ce qui empêcherait les peuples civilisés, s'ils voulaient faire de l'aéronautique sérieuse, de se coaliser pour établir une station centrale en un point quelconque de la haute Asie? Ne pourrait-on profiter des conquêtes que les Russes viennent de faire de ce côté?

En prenant Constantinople comme centre, on aurait déjà une situation très-avantageuse, car les chutes d'aérostats dans la Méditerranée ne sont point tellement graves que le souvenir de la mort du malheureux Arban [1] doive faire reculer

[1] Arban, le premier aéronaute qui ait traversé les Alpes, a disparu à la suite d'une ascension exécutée sur les bords de la Méditerranée, il y a une vingtaine d'années; mais son départ avait eu lieu dans des conditions déplorables. Il n'était point gréé pour une ascension au long cours.

les explorateurs qui ont le feu sacré. Dans l'état d'imperfection volontaire où languit aujourd'hui la navigation aérienne, elle serait déjà longue, la liste des aéronautes qui ont échappé aux vagues de la mer du Nord, de l'Adriatique et de l'Océan. Cependant aucun de nos hardis confrères n'avait pris les précautions nécessaires pour braver victorieusement le contact des flots ennemis, moins redoutables qu'on ne le croit communément pour des aéronautes véritablement dignes de succéder à Pilâtre.

Dans l'état actuel des choses, on peut dire que les inventeurs de navigation aérienne n'ont rien fait pour dompter l'Océan. A peine les plus soigneux ont-ils songé à prendre une ceinture de liége ! Ah ! si l'on avait dépensé pour ce but si intéressant, si bien défini, la moitié de l'esprit de la science que *le plus lourd que l'air* a absorbé, il y a longtemps que la chute en pleine mer aurait cessé d'être un danger [1].

Cette perspective, peu agréable, j'en conviens, n'est point cependant assez terrible pour qu'elle vaille la peine de surcharger l'aérostat d'appareils de direction, parfaitement inutiles lorsque l'on est en haute région. Qu'il reste à terre, le physicien qui penserait assez à sa sûreté personnelle pour se couper en partie les ailes que lui donne le gaz ! Qu'il ne se hasarde jamais à lutter contre la pesanteur, le savant prudent qui croirait devoir prendre de si minutieuses, de si gênantes

[1] Au commencement d'août j'ai assisté à des expériences fort curieuses qui ont eu lieu en rade du Hâvre. Deux hommes s'étant emballés chacun dans une sorte de jacquette en caoutchouc, qui laissait passer la tête, les bras et les jambes, ont flotté pendant plusieurs heures au milieu de la mer. Ils avaient emporté des provisions dans un petit baril, et ils ont déjeuné devant nous comme auraient pu le faire deux marsouins flottant à la crête des vagues. Nous ne croyons point qu'il soit nécessaire d'imiter servilement cet exemple, mais il prouve que, même abandonné au milieu de l'Océan, l'homme peut lutter encore contre la mort s'il est pourvu d'appareils habilement combinés.

précautions pour se garantir d'un danger incertain. Qu'il se tienne loin des nuages celui qui emporterait des appareils dont il ne saurait jamais se servir que dans les régions basses, et qui ne le soutiendraient par effort mécanique que s'ils ont un poids incompatible avec les grands bonds aériens.

Quoi que l'on puisse faire, ce n'est point aux flegmatiques qu'appartiendra l'empire de l'air. Laissons-leur le sol où leur puissance paraît avoir jeté de profondes racines, fuyons au-dessus des nuages où ils ne viendront jamais nous chercher.

Ajoutons que les chutes dans la mer, dans les déserts, les montagnes inextricables, seraient bien moins à redouter si l'aéronaute se résignait à faire ce qu'il faut, à rester en l'air des jours ou même des semaines entières. Quel est donc le savant véritablement digne de ce nom, qui serait assez pusillanime pour ne pas comprendre qu'il rencontrera forcément un grand nombre de points favorables pour attérir, pendant une longue croisière d'une centaine d'heures? Serait-ce en vain qu'il arpenterait l'espace avec une vitesse double ou triple de celle des meilleurs steamers, dans les moments de calme où le vent se repose? Croit-on que c'est pour rien qu'on a l'avantage de voir ce qui se passe à une distance immense, d'être aperçu à la fois de tous les points d'une province grande quelquefois comme la moitié de la France, d'être le point de mire des regards de tous les navigateurs, errant sur un immense district océanique?

Conçoit-on un aérostat assez endiablé pour ne rencontrer ni îles ni points d'attérissement ou navires en vue desquels il pourra s'abattre, en cas de caprice, de fatigue ou de danger.

Il ne faut pas croire que le long séjour d'un aérostat en l'air soit difficile à obtenir. Que n'est-il aussi facile de dissiper les préjugés hostiles à l'usage rationnel des ballons ! Dans l'état actuel des connaissances physiques et chimiques, si l'on ne reste pas *un mois en l'air, c'est qu'on ne le veut pas.* La preuve est si simple que nous ne pouvons résister au plaisir de la donner. Le ballon le *Géant*, qui ne cubait que 6,000 mètres, a navigué pendant 15 heures dans son voyage de Paris à Hanovre. Quand il a pris volontairement terre, il y avait encore du lest à bord en quantité suffisante pour fournir une course de plus d'un jour entier. Le temps de la course déjà longue aurait été singulièrement augmenté si le cube avait été simplement triplé ou quadruplé, même lorsque ni l'enveloppe ni l'enduit n'auraient été perfectionnés.

On ne saurait trop, en effet, insister sur l'extraordinaire facilité avec laquelle on peut triompher de l'endosmose, même sans fabriquer de tissus plus parfaits que ceux qui sont dans le commerce ordinaire. Si l'on emploie des aérostats de grand diamètre, les effets de la porosité deviennent à peu près insignifiants. En effet, la masse à mélanger augmente comme le cube des dimensions, tandis que la surface d'endosmose croît comme le carré seulement. Il en résulte qu'on peut dire qu'avec un tissu de même nature la puissance de conservation croît comme le carré du rayon. Arrivé à un certain degré de grosseur, le gaz se maintient dans l'enveloppe pour ainsi dire par sa propre masse, et l'aéronaute n'a plus à tenir compte de la perméabilité plus ou moins grande du tissu. Une étoffe de coton suffirait en quelque sorte avec certaines dimensions pour garder fidèlement l'hydrogène.

En outre, une précaution importante avait été négligée dans l'expédition de Hanovre : l'orifice inférieur du *Géant* était ouvert et se trouvait constamment en communication libre avec l'atmosphère. N'aurait-on pas pu aller plus loin encore et clore le col ou orifice par une soupape s'ouvrant à la main? Il est vrai qu'un ballon hermétiquement clos peut éclater comme une bombe si on laisse la pression atteindre un chiffre suffisamment élevé, et que la dilatation par l'action des rayons solaires peut produire rapidement un désastre. Un sinistre devient possible du moment que l'on a privé le ballon du moyen de se dégager lui-même de sa surcharge par l'orifice toujours béant. Mais rien n'empêche d'avoir à sa disposition un bon manomètre, indiquant à chaque instant la pression intérieure, de connaître parfaitement, sans erreur possible, le moment où la soupape du bas doit s'ouvrir pour laisser un libre cours à la dilatation.

La marche de ce manomètre, sur laquelle l'aéronaute devrait toujours avoir les yeux fixés, fournirait des éléments d'observation du plus haut intérêt. L'adjonction de ce simple opercule transformerait le ballon en instrument de précision supérieur à tout ce que l'on peut imaginer de plus délicat. L'immense sphère deviendrait un gigantesque thermomètre à gaz flottant! Croit-on commettre une imprudence en procédant ainsi? Qu'est-ce qui empêche de construire des soupapes automatiques analogues à celles qui sont en usage à bord des captifs, et qui ont fonctionné pendant des mois entiers sans qu'on ait jamais eu à constater la moindre déchirure, la moindre explosion [1] ?

[1] Le ballon captif, qui a fonctionné à Paris, pendant deux campagnes consécutives, et dont nous aurons à entretenir plus d'une fois nos lecteurs, a été construit pour s'élever à une hauteur de 300 mètres. Je lui ai vu prendre une vitesse que j'évaluerai au tiers de celle que les ballons peuvent prendre commodément en ascension libre, suivant les remarques de Glaisher, car il parvenait en deux minutes environ à sa station supérieure. Dans ce cas la pression moyenne de l'atmosphère diminue d'environ 30 millimètres de mercure, c'est-à-dire, d environ $\frac{4}{100}$ de sa valeur. La pression que le gaz intérieur exercerait alors sur l'enveloppe, si le ballon était rempli de gaz au départ, serait de 400 kilog. par mètre superficiel.

Les variations de température donneraient une différence de pression beaucoup plus notable dans le même cas. En effet, on ne peut pas évaluer à moins de 30° centigrades la différence produite par les rayons du soleil entre le minimum nocturne et le maximum diurne; or, la variation correspondante de volume serait d'environ $\frac{1}{10}$ de celui du ballon. La pression résultant de ce chef, si le ballon restait fermé après avoir été gonflé à la température la plus basse possible, serait donc de 1,000 kilog.

Faut-il donc avoir un génie transcendant pour inventer un moyen plus parfait de jeter le lest, que de le prendre par poignées? Croit-on que la construction des soupapes ne soit pas susceptible d'être améliorée? Certes, dans le siècle suivant les aéronautes souriront de pitié en entendant parler du cataplasme dont nous nous servons pour empêcher les fuites par les joints de la soupape. Elle sera légendaire la négligence dont les appareils aériens semblent avoir le monopole, eux dont on attend tant de services, et qui par conséquent devraient être si précis. Pourquoi fait-on les deux battants de la soupape égaux, ou au moins pourquoi n'a-t-on point à côté une soupape beaucoup plus petite pour le

par mètre carré de surface. Si on joint ensemble ces deux effets on peut dire qu'un captif sans soupape aurait à supporter des pressions intérieures s'élevant à 1,500 kilog. par mètre carré, ce qui paraît énorme. Cependant les aérostiers de la République menaient en guerre un ballon sans soupape, et ce ballon n'a jamais fait explosion. Il est vrai qu'ils avaient soin de laisser un certain vide pour la dilatation, et qu'ils ne le gonflaient jamais complètement. Dans l'état actuel des choses on peut construire des ballons en toile, qui résisteraient parfaitement à ces efforts, sans s'approcher de la limite de la rupture.

Les directeurs des captifs de Londres et de Paris pourraient donc à la rigueur se passer de soupapes. Mais ils préfèrent y avoir recours pour éviter l'ombre de tout danger, quoique le jeu de la soupape amène souvent la rentrée de l'air dans le ballon, ce qui diminue définitivement sa force ascensionnelle.

Comme on le voit, un aéronaute attentif au jeu de ses soupapes n'aura jamais aucun danger sérieux à courir dans une ascension libre, quoique les variations de pression puissent être beaucoup plus rapides que dans les ascensions captives, non point à cause de l'effet direct des rayons solaires, mais à cause de leur effet indirect sur la vapeur d'eau qui couvre les toiles de l'arostat, au moment où il sort d'un nuage.

M. Duruof, l'habile et hardi aéronaute qui a exécuté la brillante ascension du 16 août 1868, au-dessus de la mer du Nord, a garni son orifice d'une espèce de rideau rétractile qui permet de la clore presque entièrement; il a obtenu de la sorte un excellent résultat. D'après M. Gaston Tissandier, en quatre heures et demie, il a consommé un sac et demi de lest, soit environ quatre kilog. de sable par heure!

cas où l'on n'a besoin que d'extraire une faible quantité de gaz[1] ?

Nous savons bien que tous les changements relatifs à la soupape doivent avoir lieu avec une grande circonspection. C'est surtout pour cet appareil vital que l'ingénieur aéronaute doit se montrer circonspect s'il ne veut imiter l'exemple de Harris, dont nous ne pouvons nous dispenser de dire quelques mots.

[1] Ce cataplasme est fabriqué dans chaque ascension un peu avant le commencement du gonflement, avec de la farine de lin et de l'huile. On prépare ainsi une espèce de lest très-tenace, mais dès que l'on a rompu son adhérence, par un coup de soupape, il devient inutile. Quelquefois il suffit d'un mouvement brusque venant à se produire pendant le gonflement, pour déterminer cet accident sans que l'aéronaute s'en aperçoive autrement que par la diminution rapide de la force ascensionnelle. Quand un aéronaute vient se laisser tomber dans un courant inférieur, il n'a qu'à cesser de jeter du lest, et s'il en est besoin, desserrer l'orifice que nous supposons garni d'un appareil analogue à celui de M. Duruof, au lieu d'ouvrir la soupape.

Des praticiens aussi expérimentés que les Godard arrivent à toucher terre, à peu près au moment où ils le désirent. Ils règlent jusqu'à un certain point par instinct le débit de leur soupape. Ils arrivent à choisir avec une grande sûreté de coup-d'œil le point d'attérissage, ce qui est très-important, non-seulement pour éviter les accidents mais encore pour épargner les dommages-intérêts que les propriétaires du sol s'arrogent trop souvent le droit d'exiger des aéronautes, prétentions auxquelles nous refuserons toujours de nous soumettre. Il faut ajouter que la corde traînante venant atténuer le choc de la descente permet d'opérer avec une grande hardiesse et de se précipiter avec une vitesse qui, dans certains cas pressés, peut aller jusqu'à 500 mètres par minute.

M. Duruof a établi dans son ballon une corde dite de *miséricorde*, destinée à l'éventrer dès qu'il arrive à terre et à permettre une vidange instantanée. Cet organe, d'après le dire de M. Tissandier, a opéré devant lui dans l'ascension du 16 août de la façon la plus satisfaisante, au moment où les voyageurs ont dû précipiter le ballon à terre pour ne point être rejetés sur la Manche. Le seul danger, c'est que l'appareil joue en l'air, mais comme il est immense, il faut que M. Duruof ait pris à cet égard des dispositions d'une efficacité absolue. C'est ce qu'il nous est impossible de dire sans avoir vu fonctionner son appareil et en avoir étudié tous les détails.

Cet habile aéronaute avait été choqué, comme beaucoup de praticiens distingués, de l'excessive lenteur avec laquelle le gaz sort du ballon quand l'aérostat a pris terre. Il avait imaginé d'armer son ballon d'une énorme soupape destinée à s'ouvrir lorsque la nacelle aurait touché, et à abréger la période dangereuse, pendant laquelle le navigateur aérien est en quelque sorte exposé à tous les hasards. L'idée était excellente; malheureusement elle fut si maladroitement réalisée, que la grande soupape bâilla au moment où Harris était encore dans les nuages. Le malheureux tomba avec la vitesse d'une fronde sur les toits de Londres, où il trouva une mort que l'on peut dire glorieuse. Pendant la durée si courte de sa chute foudroyante, il eut même le temps de donner une preuve véritablement effrayante de sa grandeur d'âme. Car il n'attendit pas le choc dans la nacelle, il se précipita de lui même au milieu de l'espace afin de diminuer la terrible intensité du choc et de sauver la vie à une jeune dame qui l'accompagnait dans son expérience.

Mais, sans courir de dangers pareils, ne pourrait-on pas soutirer le gaz du ballon avec un ventilateur pourvu d'un compteur de manière à ce que l'aéronaute puisse à chaque instant établir le bilan de son capital gazeux!

Nous ne saurions trop le répéter, l'aéronautique prendra un sérieux développement dès le jour où l'on pourra changer de niveau dans l'air d'une manière rationnelle et scientifique.

Nous ne nous hasardons point certainement beaucoup en prédisant que peu d'années s'écouleront avant que les ballons puissent courrir des bordées verticales. C'est à ce beau problème que Pilâtre et Zambeccari ont sacrifié leur vie! Ce serait certes une grande consolation de voir que ces deux hommes de génie ont indiqué aux inventeurs la route qu'ils ont à suivre pour conquérir l'empire de l'air.

En tout cas, en science comme ailleurs, il faut commencer

par hasarder quelque chose quand on a la prétention de finir par gagner un quine à la loterie de la gloire!

Si les tentatives de direction aérienne sont presque inutiles à la science, ce n'est point une raison pour croire que les excursions doivent être faites au hasard. Il est clair, en effet, que le physicien aéronaute pourra opérer de petits mouvements différentiels, avec certains mécanismes aussi faciles à imaginer qu'à mettre en œuvre. Ainsi, suivant toute probabilité, la force humaine suffira pendant quelques instants, si elle est habilement utilisée, pour détruire ou atténuer la rotation du ballon sur lui-même, de sorte que l'on puisse compter les oscillations d'un barreau aimanté. La nécessité de monter et descendre fréquemment suggérera forcément des idées ingénieuses à plus d'un inventeur, plus d'un physicien!

V. — Manœuvres dont les ballons sont susceptibles.

Un modèle, présenté à l'Exposition universelle de 1867 par M. Georges Ansell, indique comment on peut s'alourdir à l'aide d'une pompe à air qui condense dans la nacelle du gaz puisé dans la capacité intérieure de l'aérostat. En restituant le gaz au ballon, à l'aide d'un robinet, on parvient à s'alléger au contraire. Rien n'empêche de recommencer cette manœuvre, un nombre indéfini de fois.

On pourrait obtenir ce résultat d'une façon plus simple, en foulant l'air extérieur dans un réservoir inextensible quand on veut descendre, et en le lâchant à l'aide d'une soupape quand on veut remonter. La seule difficulté résiderait alors dans la capacité à donner aux réservoirs et dans la résistance dont il faut les douer, pour pouvoir y garder l'air avec une pression notable. On pourrait, il est vrai, fabriquer la nacelle en fer creux ce qui permettrait d'y loger de l'air. Mais il faudrait ménager une capacité d'un mètre cube, et y fouler de l'air à la pression de dix atmosphères pour obtenir une augmentation de poids d'une dizaine de kilos quand on le remplit, et un allégement équivalent lorsqu'on le vide. Ce volume serait très-difficile à trouver dans les nervures d'une nacelle plus large que celles dont on se sert communément. Or, je ne crois pas que l'on puisse faire monter ou descendre aisément un aérostat de deux ou trois mille mètres cubes sans avoir à sa disposition une variation de poids bien supérieure.

La formule qui indique la hauteur à laquelle s'élève un aérostat abandonné à lui-même, quand il possède une force ascensionnelle déterminée, a été indiquée par Euler, dans des circonstances qui lui font beaucoup d'honneur. En effet ce travail, espèce de chant du cygne, est le dernier que ce grand mathématicien ait produit dans sa glorieuse carrière. Son fils a découvert les calculs, encore tout fraîchement écrits sur l'ardoise, où l'illustre aveugle enthousiasmé par la découverte de Montgolfier, dont l'annonce venait d'arriver à Berlin, les avait improvisés la veille de sa mort!! Admirable fécondité! Noble préoccupation du plus grand des géomètres de la fin du siècle dernier! Quelle satire de l'indifférence de tant de savants patentés de nos jours!

Le travail mécanique nécessaire pour fouler le gaz, lorsqu'il possède une pression notable, ne serait pas non plus une difficulté à négliger. On ne pourrait probablement l'exécuter sans le secours d'une pompe à vapeur. Or si l'on avait un moteur mécanique à bord, on pourrait sans contredit l'utiliser plus habilement à produire un autre genre de travail qu'à accumuler de l'air dans un espace clos.

Peut-être serait-il préférable d'aspirer l'air à la partie supérieure de la nacelle avec une pompe qui ferait le vide en suçant l'atmosphère; car on s'élèverait par réaction, puisque l'air ne pèserait plus autant sur la surface d'aspiration que sur toute surface correspondante. Un jeu inverse de la pompe permettrait de descendre quand on voudrait. En effet, des bateaux à vapeur paraissent avoir employé un mécanisme analogue, quoique dans l'eau les pressions doivent évidemment se transmettre avec moins de facilité que dans l'air. Une simple hélice à axe vertical, mise en mouvement, soit par la force humaine, soit par une petite machine à vapeur, produirait encore à elle seule une force ascensionnelle très-notable si les mécanismes étaient assez habilement combinés pour lui donner une grande vitesse absolue.

Nous ne parlerons que pour mémoire de l'emploi du gaz ammoniaque ; cependant il est clair qu'il ne serait point difficile d'obtenir la vaporisation ou la liquéfaction instantanée d'un petit nombre de mètres cubes. Un petit ballon accessoire permettrait donc d'augmenter le poids total du navire aérien d'un nombre notable de kilos, en condensant l'ammoniaque qui s'y trouverait contenue, à l'aide de son contact avec un espace clos rempli d'eau, car l'on sait avec quelle avidité ce liquide absorbe instantanément plusieurs centaines de fois son volume de gaz. Une médiocre quantité de chaleur appliquée à l'eau ammoniacale permettrait de remplir de nouveau le ballon accessoire, d'augmenter le volume de l'air déplacé par l'aérostat, et de lui restituer instantanément la force ascensionnelle dont on l'aurait privé par la condensation[1].

[1] L'obstacle le plus grand proviendrait peut-être du poids de l'appareil nécessaire pour exécuter ces manœuvres, fort pratiques à terre, puisque l'appareil Carré permet de les réaliser d'une façon journalière pour produire des carafes frappées. Nous devons saisir cette occasion pour faire remarquer une fois de plus qu'il faut y regarder à deux fois, avant de surcharger le ballon d'appareils compliqués ou d'une efficacité douteuse. Les effets que l'on peut produire avec un ballon de l'espèce la plus simple, mais gréé avec soin, construit avec une enveloppe imperméable et légère, rempli d'hydrogène pur, sont certainement beaucoup plus énergiques qu'on le suppose communément. La

Craint-on d'employer des réactifs chimiques à la manœuvre desquels on est pourtant habitué depuis que les appareils Carré sont devenus vulgaires? Le même effet pourrait être produit dans un récipient où l'on enverrait de la vapeur d'eau ! On pourrait encore annexer au ballon une petite montgolfière tout à fait séparée du gaz inflammable au lieu d'être juxtaposée comme l'avait fait Pilâtre. Dans cette montgolfière on pourrait brûler, sous forme de charbon ou plutôt de pétrole, le lest que jusqu'à ce jour les aéronautes se contentent de jeter; ce qui serait une manière intelligente de le sacrifier.

Ces divers procédés n'offriraient aucun danger avec des appareils étudiés dans toutes leurs parties, et l'on pourrait choisir avec connaissance de cause la combinaison la plus avantageuse, pour effectuer une manœuvre dont les conséquences seraient immenses.

Que de miracles ne réaliseraient point de hardis aéronautes, s'ils pouvaient monter ou descendre à leur gré, s'ils se trouvaient installés à bord d'un ballon pouvant sans hésitation *ramoner* la verticale alternativement de bas en haut et de haut en bas, avec une vitesse quelconque, et un nombre quelconque de fois. Que d'explorations ne seraient point possibles déjà dans l'intérieur de l'Afrique centrale, par exemple, si l'équipage d'un aérostat pouvait attérir plusieurs fois dans des lieux convenablement choisis sans perdre la faculté de s'envoler de nouveau !

Les ascensions exécutées sur les bords du Pas-de-Calais nous en fournissent plusieurs preuves merveilleusement éloquentes.

première chose à faire est donc d'étudier rationnellement le jeu de tous les organes connus, qui tous sont susceptibles d'une série de perfectionnements de détails; l'aéronaute doit connaître toutes les ressources que la chimie et la physique peuvent mettre à sa disposition, mais il ne se hâtera point inconsidérément d'y avoir recours.

Pilâtre part le matin, pour profiter d'un vent de terre qui semble le porter de l'autre côté du détroit. Le bond initial de son ascension conduit son ballon dans un courant inverse qui le ramène en France. Il franchissait peut-être le détroit s'il avait pu descendre comme il a essayé de le faire. L'accident qui l'a enlevé à la science provient de l'insuccès d'une manœuvre de changement de niveau rationnelle, nécessaire. Au contraire il y a sept ans, Deschamps veut profiter d'un vent qui vient du large pour gagner l'intérieur de la France, et pour fuir loin des bords de la mer. Dès l'instant de son départ, son ballon se trouve plongé dans un courant supérieur qui le mène vers l'Océan. Le voilà peut-être destiné à l'honneur de passer en Angleterre! Mais telle n'était point son ambition, loin de là! il prend peur, ouvre sa soupape, descend comme une fronde et se brise sur les rochers du rivage.

Duruof, emporté par le courant supérieur, dans lequel son aérostat a pénétré en s'élançant de terre, ne perd point la tête. Il se laisse doucement ramener, sans ouvrir la soupape, mais tout simplement en cessant de jeter du lest. Le courant inférieur qu'il va rejoindre le ramène en France, sans secousse, sans naufrage, sans avarie, sans frayeur!! Quelques poignées de lest, jetées trop brusquement, le relancent dans le courant qui pousse au large. Que doit-il faire pour en sortir? Sa manœuvre est écrite à l'avance. Il cesse de se soutenir en jetant du lest, le courant inférieur le ramène encore vers la terre!

Si la nuit eût été moins voisine, il pouvait peut-être, en alternant ses manœuvres, franchir le détroit et quelques bordées heureuses le faisaient passer en Angleterre [1].

[1] Les mois de juillet et d'août sont surtout favorables à ces expériences, à cause de l'alternance des brises de mer et des brises de terre dont la direction est opposée sur les côtes au-

Ainsi donc, sans entrer dans le domaine de l'hypothèse, il est facile de voir que les oscillations verticales sont en elles-mêmes une sorte de pouvoir aérien. A l'aide d'appareils de transformation, M. John-Heath de Shakespeare road South Horney a eu le mérite de songer à cette manière injustement oubliée de résoudre au moins dans une certaine mesure le grand problème de la direction. Son invention se compose de deux parties qui se complètent l'une l'autre. La première est destinée à rapprocher à volonté le ballon de terre : l'auteur se propose de produire mécaniquement, mais par une voie véritablement assez maladroite, le même effet que s'il laissait échapper du gaz. Il a imaginé d'attacher sa nacelle au ballon par je ne sais quel mécanisme, de la soulever de quelques pouces et de la laisser brusquement retomber. M. John Heath croit que l'impulsion ainsi donnée au ballon sera suffisante pour lui imprimer un mouvement très-notable de haut en bas, qu'il cherche à utiliser. Pour y parvenir, il garnit l'équateur d'un anneau en toile mobile qui peut prendre plusieurs positions différentes pendant la période de la descente, c'est à dire alors que le ballon obéit à l'impulsion produite par la chute de la nacelle. L'erreur radicale commise par l'inventeur est de croire qu'il obtiendra, par une sorte de subterfuge, un effet appréciable sur le ballon. Car on ne ruse point avec la nature, et il faut produire un effort d'une éner-

glaises, et les côtes française. La Manche étant du reste parsemée de navires est très-propre à devenir le théâtre d'ascensions dans lesquelles on cherchera à louvoyer entre les différents courants d'air. Le passage du détroit peut être tenté avec succès de la sorte en partant de Calais, à condition que l'aéronaute connaîtra constamment la direction, même lors qu'il se trouvera au-dessus des nuages. Nous pensons que la traversée serait plus facile en tentant le passage de Cherbourg ou du Hâvre, par un vent assez fort soufflant dans la direction du sud-ouest, qui, si nous ne nous trompons, est ordinaire dans ces parages.

gie calculable, consommer un certain nombre de kilogrammètres pour déplacer un aérostat donné avec une vitesse déterminée dans l'air. Mais cette faute n'est pas certainement la seule qui empêche le procédé de M. Heath d'avoir une valeur véritablement pratique. Cet anneau mobile est muni d'une échancrure par laquelle doit s'écouler l'air que le ballon déplace dans ses oscillations verticales. La réaction de ce courant est, comme on l'a deviné sans doute, la force directrice qui pousse le ballon de M. Heath vers le point où il veut aller. L'idée est juste, en admettant, ce qui ne saurait être, comme nous l'avons déjà fait remarquer, que la force vive développée par la chute de la nacelle soit suffisante pour produire une impulsion utilisable comme moteur. Cette hypothèse est d'autant plus inexacte que le travail de la pesanteur s'exerce pendant un temps moindre, puisque la nacelle étant à peine soulevée ne peut retomber que de quelques centimètres, ce qui ne peut demander qu'une fraction de secondes en vertu des lois connues de la pesanteur. Non-seulement la force motrice sera faible, mais la manœuvre d'un anneau enveloppant l'équateur de l'aérostat sera toujours trop compliquée pour se prêter à des mouvements rapides.

En outre, quoique l'anneau soit en toile, il ne peut être manœuvré et soutenu que par l'intermédiaire d'agrès lourds et encombrants. Il surchargera inutilement la marche du ballon, comme le faisait le *parachute-paramonte* inventé par un des plus généreux patrons de l'aéronautique, le célèbre comte polonais Branicki. L'inventeur s'était proposé de diminuer la vitesse avec laquelle l'aérostat obéit aux variations thermométriques, à la projection du lest et à l'ouverture de la soupape. Mais, si nous ne nous trompons, l'expérience prouva que cette innovation, qui paraissait utile *a priori*, n'était que gênante. Car, dès l'ascension suivante, M. Godard débarrassa *le Titan* de ses langes. Il enleva cette ceinture qui avait le tort irrémédiable de diminuer la facilité avec laquelle l'aérostat obéit à la main de l'aéronaute.

Véritablement, rien n'oblige les inventeurs à avoir recours à un procédé aussi indirect que le mécanisme choisi par M. Heath pour pousser son ballon dans une direction déterminée. C'est bien le cas de dire : entre tant de héros qu'aller choisir Childebrand! Pourquoi employer une espèce de subterfuge pour produire un effet si naturel, du moment que l'on pourrait aisément monter et descendre? ne serait-ce pas beaucoup plus simple d'attaquer de front la difficulté, par exemple avec des plans inclinés, mobiles, analogues à ceux que M. Petin a employés dans une invention intéressante, qui fit beaucoup de bruit il y a une vingtaine d'années?

Dès que Garnerin eût inventé les parachutes, il s'aperçut qu'ils exécutaient de grandes oscillations qui mettaient en danger la vie de l'aéronaute assez hardi pour s'y confier. On obvia à cet inconvénient en pratiquant à la partie supérieure de l'appareil un orifice qui répond très-bien au but qu'on se propose, et qui donne au mobile, pendant qu'il tombe, une stabilité tout à fait suffisante. Mais ce procédé abrége beaucoup la durée de l'expérience, qui pourrait être assez longue si l'on évitait toute perte de force. Car on peut dire qu'un parachute de 100 kilogrammes qui aurait été élevé à une hauteur de 1000 mètres possède une force motrice de 100,000 kilogrammètres. C'est une réserve flottante égale au travail d'une machine à vapeur d'un cheval pendant 22 minutes $\frac{1}{2}$.

Certainement il serait difficile d'utiliser cette impulsion sans danger pour l'expérimentateur et l'on ne pourrait l'employer entièrement à glisser sur l'air. Mais quelle différence entre les expériences que l'on pourrait réaliser de la sorte, et les tâtonnements dont les inventeurs du plus lourd que l'air ont été obligés de se contenter jusqu'à ce jour ! Quel est l'inventeur qui oserait rêver d'employer un ressort emmagasinant la dixième partie du travail moteur que peut accumuler sans peine le moindre ballon, en lâchant un parachute qui se sépare à deux kilomètres de distance de la surface de la terre. En effet, les chiffres précédents nous montrent que l'aéronaute qui s'y confierait aurait à sa disposition toute la force motrice produite par un cheval-vapeur en plus d'une heure de travail [1].

Nous ajouterons que si on tenait à enlever un poids à une grande hauteur, on pourrait le faire à l'aide d'une fusée à la congrève. On ne sait, en vérité, pourquoi cet instrument de guerre, que les artilleurs ont tellement perfectionné dans ces derniers temps, et qui démontre si admirablement l'efficacité de l'hélice, a été négligé des inventeurs qui ont proposé tant de combinaisons bizarres, impraticables. Car, à une époque où la pyrotechnie était bien moins avancée que de nos jours, vers 1830, M. Ruggieri a enlevé un mouton devant les

[1] Nous voyons dans l'*Aéronaute* d'août 1868, qu'un moteur de la force d'un cheval, pouvant fonctionner une heure, pèserait plus de 30,000 kilogrammes, sans compter le barillet et les organes accessoires. M. Abel Hureau de Villeneuve a cherché à vérifier les calculs précédents dus à M. Landur, par une expérience. Le résultat le plus favorable qu'il ait pu obtenir d'un ressort pesant huit kilogrammes avec son barillet est d'avoir fait tourner pendant *quatorze* secondes une hélice de 70 centimètres de diamètre, à raison de cent tours par seconde. En tournant, cette hélice entraînait une petite voiture très-légère à laquelle elle faisait parcourir une dizaine de mètres! L'air comprimé, le gaz acide carbonique liquéfié, ou l'ammoniaque liquide ne donneraient peut-être pas des résultats aussi bons que le ressort de M. Hureau de Villeneuve! D'après les expériences relatées par M. Théophile Meivraud dans le numéro de juillet, et plusieurs fois répétées par différents opérateurs, le parachute descend d'une façon isochrone, c'est-à-dire non accelérée, avec une surface d'environ $\frac{1}{10}$ de mètre carré par kilogramme. Le diamètre de l'orifice de l'écoulement de l'air doit être pris en considération de même que beaucoup de conditions corrélatives, mais cet organe si curieux est presque tombé en désuétude comme la plupart de ceux dont l'aéronautique peut faire usage.

habitants de Marseille, en l'attachant à la queue d'une fusée, et l'animal est revenu à terre parfaitement sain et sauf. Dans tous les polygones, on se sert de fusées de guerre pour lancer des bombes éclairantes que des parachutes retiennent en l'air pendant un temps assez long et qui servent à illuminer les travaux ennemis, si on les emploie dans une place forte assiégée. Nous avons proposé publiquement, dans la *Revue scientifique* de 1866, de nous soumettre à une expérience de cette nature, mais personne n'a prêté la moindre attention à la proposition que nous faisions et nous n'avons pu imiter le mouton de Ruggieri. Nous aimons à nous imaginer que l'on a supposé que nous écrivions alors une simple critique de l'indifférence des savants officiels, et que nous nous proposions de tourner en ridicule ceux qui n'osent quitter le théâtre de la civilisation humaine. Mais nous n'aurions certainement pas couru plus de risques que des aéronautes, que nous avons vu se lancer avec une montgolfière perdue à une hauteur de quatre ou cinq cents mètres. Nous aurions même été moins exposé certainement, car le mouvement d'une fusée de guerre est beaucoup moins brusque et moins dangereux que celui d'un globe qui doit forcément partir avec une force ascensionnelle énorme, pour parvenir à une hauteur assez grande [1].

Il n'est pas, certainement, jusqu'à la construction des cerfs-

[1] Les montgolfières perdues et les ascensions exécutées à l'aide des fusées sont peut-être destinées à rendre de grands services à la guerre, s'il s'agit de procurer à un officier d'état major la vue de ce qui se passe dans une région d'une grande étendue. Il est clair que la direction du parachute pendant le temps qu'il retombe à la surface de la terre, en lâchant dans une direction déterminée une partie de l'air qu'il renferme, est plus difficile et plus dangereuse à réaliser. Mais il semble que l'on arriverait à une assez grande précision dans cette espèce de *visée progressive* avec un dispositif convenable. En effet, Louis Godard m'a raconté qu'il est souvent parvenu à éviter des arbres ou des maisons en faisant varier l'inclinaison du parachute, grâce à la

volants, qui n'ait point encore dit son dernier mot. Il est clair que l'on peut, dans une certaine mesure, s'en servir pour établir une communication aérienne pour sauver un navire en détresse ; car le vent qui porte à terre dans toutes ces occasions peut parfaitement bien y envoyer un morceau de toile à voile remorquant une amarre. Certainement les membres de la société aéronautique de Londres ont eu toutes les raisons du monde de créer une classe spéciale pour ces instruments. Mais le transport des fardeaux dans l'air à une certaine distance est plus avancé qu'on ne le croirait à l'inspection des organes un peu enfantins qui ont paru au Palais de Cristal [1].

Les expériences dont M. Tremblay a entretenu à plusieurs reprises l'Académie des sciences, et les appareils qui ont figuré à plusieurs reprises dans les expositions universelles permettraient sans doute de réaliser des effets très-curieux, mais en sens inverse. Car le canon porte-amarre est placé sur le rivage, et envoie contre le vent un projectile dans les vergues du navire en détresse. La poudre, comme on le voit, a été jusqu'à un certain point domptée et utilisée au transport par air de fardeaux allant à faible distance. Sans nous exagérer ce qui peut être fait dans cet ordre d'idées, nous dirons que la poudre n'a presque pas dit son premier mot.

manière dont il s'accrochait aux cordes soutenant le panier. J'aurais bien désiré assister à des expériences aussi curieuses, mais les aéronautes paraissent avoir renoncé aux expériences en parachute à cause de l'indifférence croissante du public pour les spectacles aériens ; on préfère décidément l'avaleur de sabres ! !

[1] Des appareils analogues figurent à l'exposition du Hâvre, et sont d'une disposition assez simple. Il serait à désirer que l'on procédât à des expériences faites en rade, à l'aide des navires de guerre. Il suffirait d'une simple canonière ou d'un cutter de la douane, sortant par un gros temps et allant jeter l'ancre dans un endroit favorable à quelques encâblures du rivage.

Faut-il écarter comme absurdes toutes les combinaisons dans lesquelles entrerait l'utilisation de la résistance du vent, s'exerçant contre une surface en toile retenue par un contre-poids, ou bien par une corde que l'on manœuvre de terre? Aurait-on oublié les expériences de Franklin, de Rommas, de Berthollet, qui ont excité tant d'émotion dans les dernières années du grand XVIIIe siècle. Aujourd'hui ces appareils ne se borneraient point à donner la tension électrique des nuages. Car on a inventé des thermomètres *a maxima* et *a minima* qui permettraient de les utiliser à la détermination des températures. Mais nous avons peur de ces grandes expériences théâtrales, dans lesquelles se plaisaient les générations précédentes. Nous n'aimons point tirer des lames de feu pareilles à des éclairs. Il n'y a que nos canons et nos mortiers que nous aimions construire avec des dimensions monstres. Nos savants croiraient déroger en jouant au cerf-volant. Ils l'abandonnent aux enfants qui s'amusent à les envoyer dans les airs sans autre but que d'obliger un chat à se mouiller le poil dans les nuages.

S'il faut le dire, nous ne comprenons point que la société aéronautique de Londres ait exclu de ses prix les hommes hardis qui se fieraient à un cerf-volant pour se lancer dans l'atmosphère. Ne serait-ce pas un résultat aussi digne d'intérêt qu'un triomphe chèrement obtenu par l'aéronef? Le mérite de l'expérience serait-il diminué, parce que l'expérimentateur tiendrait encore par un fil à la terre? N'oublions point que c'est en variant nos tentatives aériennes de toutes les manières que nous arriverons seulement à conquérir l'atmosphère, à ajouter l'empire de l'air à celui de la terre et des mers.

Parmi les appareils déjà anciens qui deviennent en ce moment même l'objet de perfectionnements importants, nous ne pouvons nous empêcher de citer la corde traînante de Green.

On sait que cet organe, inventé par celui de tous les aéronautes qui fit le plus grand nombre d'ascensions, est destiné à délester automatiquement l'aérostat, au fur et à mesure qu'il touche terre. Grâce à cette longue corde, suspendue au-dessous de la nacelle, les nouveaux attérissages sont aux anciens ce que les voitures les mieux suspendues sont aux charrettes. M. Yon, le directeur des ascensions captives qui vont avoir lieu à Londres, a imaginé depuis longtemps de garnir l'extrémité de cet appendice d'une espèce de perruque de filasse qui s'accroche à une foule d'objets, et augmente rapidement de poids à mesure qu'elle traîne à terre.

La pratique de l'atmosphère lui a suggéré une idée qui complète ce premier perfectionnement et qui lui ouvre une carrière en quelque sorte indéfinie. M. Yon a eu l'heureuse idée de transformer sa corde. Il en a fait un long ruban qui doit forcément traîner à plat sur la terre. Il a en outre chargé d'une infinité de brins roides l'une des deux faces de son immense ruban de chanvre ; ce n'est plus à proprement parler un câble, c'est une immense brosse de plusieurs centaines de mètres de long [1], que le ballon traîne à sa remorque, et qui produit des effets d'une énergie surprenante. J'ai vu dans son atelier une corde-frein que l'on peut soulever très-facilement de terre, car elle ne pèse pas un kilogramme au mètre, exercer une action si énergique sur une surface de gazon que plusieurs hommes peuvent s'y atteler sans la faire glisser. Cette résistance à la traction serait beaucoup plus grande sur de la terre sèche ou humide, sur des rochers, etc., etc. Elle représenterait plusieurs milliers de kilogrammes pour *le Captif*, et dispenserait probablement d'avoir recours au jet de l'ancre, dans le cas tout à fait improbable

[1] Il aura deux cordes de 400 mètres chacune pour la manœuvre du grand captif de Londres.

3.

où, surpris par un vent violent, l'aérostat briserait son câble.

M. Yon pense que la friction de la corde-frein peut être suffisamment énergique pour que l'ancre devienne en quelque sorte un organe superflu, non-seulement dans les ascensions captives où les chances de rupture sont pour ainsi dire nulles, mais encore dans les ascensions libres. Quoique le poids de l'ancre puisse être diminué dans une proportion notable, à cause de l'effet produit par son long ruban rugueux, il serait imprudent de ne point conserver au moins un grappin, qui permet de compléter instantanément l'effet que la corde-frein et toutes les cordes traînantes du monde semblent devoir ne produire que d'une façon progressive.

Le jet de l'ancre a été singulièrement perfectionné, du reste, depuis le jour où l'on a eu l'idée d'intercaler un robuste anneau de caoutchouc sur le parcours de la corde. Cette disposition si simple suffit pour éviter toute secousse dangereuse pour les jambes des voyageurs, au moment où l'ancre mord. Surtout en se servant en même temps de la corde-frein de Yon, on pourrait aborder la terre sans danger par le vent le plus violent. Mais il est indispensable dans les cas exceptionnels, que le commandant du ballon ait la présence d'esprit de choisir avec une dextérité sans pareille le moment d'ouvrir la soupape et de jeter son ancre. Il faut qu'il se trouve à une distance connue de terre, assez grande pour que la chute soit rapide, assez petite pour qu'elle n'acquière point une intensité dangereuse, et qu'il aperçoive au-dessous de lui un endroit ou le traînage puisse être brusquement terminé par l'entrée dans le sol d'une pointe de fer.

C'est faute d'avoir exécuté cette manœuvre avec une précision suffisante, que le traînage de Hanovre a couronné la grande ascension du *Géant*. Descendant mollement et avec indécision par un vent assez violent, les voyageurs ont été victimes d'une catastrophe qui restera longtemps célèbre.

Au contraire, dans son ascension du 29 septembre 1863, Glaisher est parvenu à échapper d'un orage qui le lançait vers la mer, grâce à la rapidité avec laquelle son aérostat a obéi à Coxwell. Les voyageurs étaient encore à une notable distance de la surface de la terre par une nuit noire, ils entendaient le bruit des branches agitées par le souffle de la tempête; cependant ils s'en sont tirés sans accident, sans blessure, l'ancre ayant mordu sans broncher, le ballon a volé en éclats au-dessus de leurs têtes.

Comme on le voit, il serait utile en ces moments de faire usage du procédé de M. Duruof et d'ouvrir brusquement le ballon suivant un secteur. Mais encore une fois est-il sûr que ce mécanisme terrible ne puisse jouer automatiquement de lui-même comme la grande soupape du malheureux aéronaute Harris?

En tout cas, nous conseillerons aux aéronautes, une fois qu'ils se décident à ouvrir définitivement leur soupape, d'assujettir la corde à l'aide d'une cheville très-solide pour qu'elle ne leur soit point arrachée pendant les soubresauts accompagnant la descente. En roulant vivement ce qu'ils peuvent amener de corde chaque fois que le ballon cède, ils tiendront leur soupape béante, et chaque bord fera sortir des torrents de gaz. Bien entendu si l'orifice peut être fermé par une coulisse, la première chose à faire est de l'ouvrir en grand dès qu'on se met en descente.

Comme on le voit, il n'y a pas un seul organe de la navigation aérienne qui ne puisse devenir l'objet de recherches du plus haut intérêt. Qui donc ne serait surpris d'apprendre que l'Académie des sciences possède depuis un très-grand nombre d'années une commission permanente des aérostats, et que, depuis qu'elle existe, cette commission n'a pour ainsi dire jamais donné signe de vie!! Toutes les communications auxquelles donne lieu le perfectionnement de la navigation aérienne vont s'enfouir indistinctement dans ses archives, nul n'en entend jamais plus parler. N'y a-t-il pas un physicien qui se sente touché de la gloire de retrouver les perles enfouies sans doute dans ce fumier ?

L'indifférence de la commission des ballons s'étend à l'Académie elle-même, et nous nous rappelons avoir assisté à une séance excessivement curieuse et caractéristique. L'habileté et l'audace même des ennemis de la navigation aérienne, pour étouffer un débat relatif aux ballons, dépasse certainement beaucoup tout ce que l'on peut imaginer de plus étrange.

M. de L'Ouvrier, habile mécanicien déjà connu par quelques travaux estimables, avait conçu un système de locomotion aérienne reposant exclusivement sur l'usage des plans inclinés. Nous sommes loin de partager ses espérances et de conclure en sa faveur comme l'a fait un de nos confrères, plus célèbre il est vrai par ses bévues que par ses découvertes, par l'appui qu'il a donné aux escargots sympathiques, que par les lumières qu'il a versées sur notre siècle ; mais enfin nous comprenons fort bien que la conception originale, hardie, de M. de l'Ouvrier ait frappé l'intelligence sympathique et hardie de M. Babinet.

Dans une des séances du mois de mars 1867, le savant académicien présente un rapport dans lequel il déclare que, comme il en a été chargé, il a examiné l'inventíon de M. de L'Ouvrier, et qu'il la croit digne de fixer l'attention de l'Académie.

A peine M. Babinet a-t-il prononcé ces mots qu'un de ses collègues se lève pour déclarer qu'un membre est chargé d'apprécier définitivement un travail en son nom personnel, mais que son rapport équivaut à une sorte de prise en considération préalable. L'assemblée accepte cette opinion sévère; elle décide que le rapport de M. Babinet ne sera point inséré au Compte rendu, et qu'une commission de trois membres sera chargée de donner l'avis officiel de l'Académie, sur l'invention qu'un de ses membres a trouvée sérieuse. Or, depuis dix-huit mois qu'elle est nommée, la commission n'a point encore fait un seul pas, qui indique l'intention d'accoucher d'un rapport.

Croit-on que l'Académie ne trouverait jamais aucune idée utile à encourager, si elle n'avait placé des physiciens étrangers aux études aéronautiques dans sa section de météorologie? Croit-on qu'elle perdrait beaucoup en science véritable si elle s'adjoignait quelque expérimentateur adonné à l'étude des questions aériennes? Que de progrès ne ferait pas l'étude de la nature dans le sein d'une assemblée composée certainement en majorité de savants éminents, si les membres qui la composent consentaient à s'intéresser aux voyages aériens! Pendant dix années consécutives elle a proposé pour grand prix des sciences physiques la détermination des équations générales qui permettent de représenter les grands mouvements de l'atmosphère. Il a été impossible, avec la meilleure volonté du monde, de trouver quelques équations résolubles, quelques intégrales irréductibles qui valussent la peine d'être récompensées! Quel bien réel aurait-on fait à la science si on avait mis la main sur quelque forme analytique nouvelle, parfaitement oiseuse, malgré tout, tant qu'on ne connaît ni la loi des températures ni la loi des humidiés, ni la loi des radiations solaires? Et combien il est regrettable que l'Académie des sciences ait refusé en même temps d'encourager les ballons, sans lesquels il n'y a aucune des questions qui se rapportent à la circulation atmosphérique dont elle veut connaître les lois, qui ne soit un impénétrable mystère? L'Académie des sciences paraît en quelque sorte avoir pris son parti d'impuissance, car elle a retiré solennellement le problème, après plusieurs tentatives infructueuses. Elle l'a remplacé par des problèmes moins insolubles peut-être, mais dont nous n'avons point à nous occuper dans le cours de notre travail.

Malheureusement cet échec, qu'il était si facile de prévoir, paraît avoir nui à la science de l'atmosphère, malgré la création d'une demi-section de météorologie dont tous les membres paraissent avoir les ballons en sainte horreur. En effet, l'Académie semble être persuadée de son incompétence, non-seulement quand elle dédaigne les expériences aérostatiques, mais, ce qui paraîtra plus étrange encore, quand elle daigne par hasard leur accorder son concours.

Dernièrement M. Delaunay, président pour l'année 1868, eut l'heureuse idée d'accepter des communications relatives à des observations aériennes faites par notre confrère, M. Camille Flammarion; mais M. le président de l'Académie des sciences se donna bien garde de nommer en même temps une commission pour se prononcer sur la valeur de ces mémoires.

VI. — Usage scientifique des ballons.

Nous serions certainement un ami bien tiède de la navigation aérienne si nous ne nous félicitions point de voir que les questions aéronautiques parviennent enfin à attirer l'attention de l'Académie, mais nous ne pouvons nous empêcher de regretter que l'on ait omis de rendre hommage, dans cette occasion, au doyen des aéronautes, car c'est M. Glaisher, qui a découvert à peu près toutes les lois que M. Flammarion n'a fait que vérifier, honneur du reste assez grand, plus durable et plus sûr qu'une invention douteuse. On ne saurait maintenir que les travaux de M. Glaisher soient ignorés en France, puisqu'ils ont été analysés par M. Flammarion lui-même dans son histoire *des Ballons*; M. Figuier leur a accordé plusieurs pages intéressantes dans ses *Merveilles des sciences*. C'est surtout dans la profession aéronautique, qu'une excessive bonne foi est certainement la première et la plus grande de toutes les habiletés. Ce n'est pas seulement parce qu'il est puéril de s'exposer au reproche de plagiat quand les faits nouveaux sont en nombre immense et peuvent être remués à la pelle, s'il est permis de s'exprimer ainsi. Mais les aéronautes ne doivent jamais oublier un seul instant qu'ils sont exposés aux attaques haineuses des physiciens qui restent à terre, parce qu'ils ont peur de confier leur gloire et leur fortune à un aérostat. Les cloportes scientifiques, jaloux du facile courage qu'ils n'osent imiter, n'ont qu'une seule passion : décrier à la fois les aéronautes et les ascensions. En voyant les aéronautes se disputer les découvertes faites dans la haute atmosphère, ils auraient quelque raison pour dire que ce terrain presque vierge n'est point si riche que quelques enthousiastes l'ont prétendu. Nous considérons donc comme un devoir scientifique et national de déclarer que c'est à M. Glaisher que l'on doit exclusivement les lois fondamentales qui semblent devoir transformer la physique aérienne, et dont aucune n'a encore trouvé place dans les cours publics de nos grandes écoles et de nos universités. Nous avons été heureux de leur consacrer quelques séances dans notre cours libre de la salle du boulevard des Capucines, bien avant l'époque des communications académiques auxquelles nous venons de faire allusion.

Si nous ne craignions de dépasser les limites que nous avons dû nous tracer, nous présenterions une analyse complète de cette magnifique série d'excursions brillantes, dont il n'a point été question dans notre académie, et qui ont rendu pourtant le doyen des aréonautes très-populaire. Nous voudrions surtout montrer avec quelle netteté les immortels travaux de M. Glaisher mettent en évidence la futilité des connaissances physiques dont on se contentait en Angleterre et en Amérique il y a quelques années, dont bientôt, il faut l'espérer, on ne se contentera plus chez nous. Qui n'a entendu déclarer dans tous les cours de la Sorbonne, du Collége de France, de nos grandes écoles, que la température va en décroissant à mesure qu'on s'élève dans l'atmosphère. Cependant ce fait fondamental de la vieille science est démontré faux, car dans ses courses en haute région Glaisher a rencontré à plusieurs reprises de véritables fleuves d'air chaud. En pénétrant dans leurs ondes invisibles, le célèbre physicien a éprouvé un véritable sentiment de bien-être et de surprise qu'il a décrit avec une grande énergie et une remarquable naïveté d'expression. Qui eût deviné qu'après avoir traversé des régions dont la température était voisine de celle du pôle, l'aéronaute allait se heurter contre de véritables *Gulfs streams* aériens? Qui aurait pu croire qu'une découverte aussi grande pourrait quelques années plus tard paraître nouvelle au président de l'Académie des sciences! Ces courants chauds viennent-ils de régions inférieures comme ceux qui sortent du golfe du Mexique; descendent-ils au contraire des couches mystérieuses voisines du milieu planétaire, où tant de physiciens croient encore que règnent le vide et un froid dont ils ont mesuré l'énergie, par des calculs peu sûrs; car ceux qui les ont faits n'ont même pas daigné prendre la peine d'étudier la température qui règne le long des pentes neigeuses des montagnes. En effet, ils auraient vu depuis longtemps par les observations faites au Saint-Bernard, que la décroissance est bien loin d'être régulière; qu'elle varie communément du simple au double suivant les heures de la journée et les jours de l'année (Voir les *Matériaux* de M. Dolfus Ausset, pour *l'étude des glaciers*); qu'il y a des cas où elle fait place à un accroissement très-notable quand les courants d'air chaud viennent frapper les montagnes. M. Muhry (voir dans les *Matériaux* son travail sur l'orographie des montagnes, tome Ier, 3e partie) a reconnu cet effet pendant que le Fœhn soufflait sur les Alpes. Deux guides qui ont hiverné pendant l'hiver de 1866, au col de Saint-Théodule (station Dolfus Ausset), ont constaté que la neige se fondait au cœur de l'hiver, à près de 4,000 mètres au-dessus du niveau des mers, et que la chaleur du soleil y acquérait parfois une intensité inexplicable avec les idées admises jusqu'à ce iour sur le refroidissement atmosphérique [1].

Glaisher a encore eu l'honneur de démontrer, par 29 ascensions exécutées dans des conditions exceptionnelles, que la vapeur d'eau ne va point en diminuant constamment à partir de la surface du sol, comme on le croyait avant lui. C'est lui qui a donné un premier démenti aux physiciens fantaisistes plus pressés de mettre le monde en équation que de monter en ballon. En effet, il a très-nettement établi par une multitude d'observations que l'on arrive généralement à une couche éloignée de la surface de la terre où l'état hygrométrique de l'air atteint une valeur maxima. Il en résulte que la tension aqueuse de l'air éprouve bien une diminution quand on continue à s'élever plus haut, mais rien ne prouve que cette diminution soit constante comme l'avaient cru follement ces physiciens enfantins, qui prolongent jusqu'à l'infini les indications de leurs instruments, qui croient que l'intérieur de la terre est occupé par une fournaise, et que l'espace éthéré

[1] Voir le tome VIII des *Matériaux pour l'histoire des glaciers*, par M. Dolfus Ausset, où sont consignés les résultats de cette campagne glacière. M. Dolfus Ausset a constaté que les températures des 11, 12, 13 décembre 1850; 2 janvier 1851; 5, 6, 7 décembre 1852; 1er février 1854; 16 décembre 1855; 13, 17 décembre 1856; 1er janvier 1858; 12 janvier 1859, ont été plus chaudes au mont Saint-Bernard qu'à Genève. La différence s'est élevée à près de 7° centigrades en faveur du Saint-Bernard, qui est de 2,000 mètres au-dessus du lac de Genève.

est à la température *du froid absolu*[1]. C'est donc seulement à partir d'une couche dont la hauteur et la valeur absolue varient suivant les saisons de l'année et les heures de la journée, que l'on constate dans l'état hygrométrique de l'air une décroissance qui paraît régulière, mais qui sans doute ne l'est pas. Qui dit, en effet, qu'il n'y a pas plus haut une nouvelle alternance, et que le dessèchement ne fait pas place à une humidité progressive? Dans l'état actuel de la physique aérienne, personne ne sait si l'eau ne cesse pas de se montrer au moment où quelque autre corps inconnu dans nos régions basses commence à manifester sa présence. Je dois avouer pour ma part que je suis persuadé que les physiciens qui restent à terre sont bien loin de se douter de la nature des réactions qui s'opèrent aux limites de l'atmosphère, puisqu'ils ignorent sans doute la composition des substances qui se trouvent en présence, les lois des frottements célestes qui ont sans doute lieu dans ces hautes régions. N'est-il point à présumer qu'elles produisent des effets en rapport direct avec les immenses efforts nécessaires pour que le mouvement des astres puisse persister, quelque mobile que soit la substance remplissant le milieu planétaire. Car, avec des vitesses de 50 ou 60 kilomètres à la seconde, les frictions ont nécessairement une énergie véritablement effrayante. Quels effets curieux, aux points où notre air se mêle aux océans du monde! [2]

Mais la constatation de ces phénomènes offre des difficul-

[1] Car, pour comble d'absurdité, comme s'il était nécessaire que rien ne manquât à leurs étranges créations, ils ont tracé une limite au-dessous de laquelle leur thermomètre ne peut descendre.

[2] Ces efforts, quelque grands qu'ils soient, ne sont qu'un atome en comparaison de la force vive du mouvement de la terre, qui ne pourrait cesser sans que tous les corps qui la constituent soient volatilisés par la transformation du mouvement en chaleur.

tés immenses. Nous avons essayé de faire comprendre plus haut combien il était difficile de mesurer la température, de s'assurer que le froid ne provient pas du mouvement ascendant du ballon. Comment, sans exécuter des ascensions multiples à des hauteurs effrayantes, s'assurer qu'il n'est pas produit par des circonstances locales, la précipitation de la vapeur d'eau, le contact des glaces qui viennent à s'accumuler sur le front neigeux des montagnes? Comment n'est-il pas plus difficile encore de suivre la loi de la tension électrique que Dupuis-Delcourt a cru trouver croissante, et que Pelletier a considérée comme essentiellement positive ?

Faut-il dire que tout espoir de solution de ces questions doive être abandonné ? S'il en était ainsi, il faudrait condamner, à bien plus forte raison, les travaux des physiciens de l'association britannique qui poursuivent un problème bien plus compliqué, l'analyse des températures dans le fond des mines profondes. Il faudrait protester contre les recherches de l'Union magnétique de Gauss, contre les travaux des observations magnétiques du gouvernement britannique, en un mot contre toutes les recherches dans lesquelles on se propose d'étudier ce que nous appelons les fonctions vitales de la terre. Bien au contraire il faut voir dans toutes ces difficultés un nouvel attrait pour multiplier les ascensions systématiques qui nous permettront un jour de pénétrer certainement à des hauteurs auxquelles on n'oserait rêver de nos jours [1].

[1] Pour s'élever à une hauteur moyenne de 10,000 mètres, comme l'a fait Glaisher, il faut avoir un ballon, qui, rempli de gaz hydrogène, s'enlève avec le tiers seulement de sa capacité. Les voyageurs doivent être pourvus d'appareils pour se chauffer facilement. Ils doivent avoir, de plus, des outres pleines de gaz oxygène disposées de manière à ce qu'ils puissent le respirer afin de compenser la grande rareté du gaz par sa richesse en principes oxydants. Ce gaz doit être dilaté pour ne pas produire de trouble dans les organes respiratoires des expérimentateurs.

Les recherches chimiques exécutées sur la composition de l'atmosphère [1] montrent déjà qu'elle est bien loin d'être identique à elle-même dans toutes les parties accessibles sans avoir recours aux aéronautes. Sans parler de ce qui peut se passer dans la haute atmosphère dont nous venons de nous occuper tout à l'heure, même dans les régions basses voisines de nous, on peut constater des variations aussi grandes que les différences reconnues dans la composition de l'eau des mers, des sources thermales, ou médicinales.

L'air inférieur a ses qualités spécifiques qui doivent agir sur les organes respiratoires des hommes et des animaux qui le respirent ! Car on sait quelle influence la composition de l'eau exerce sur la santé, sur la vie des êtres qui y vivent ; or, l'on ne peut en conscience supposer que les poumons soient bien moins délicats que les branchies sur le choix du milieu où ils opèrent. Probablement l'air supérieur est plus uniforme à une hautèur constante; mais il n'en doit pas moins éprouver des variations progressives avec l'altitude.

Qui sait si l'oxygène ne va pas en augmentant ? Qui sait si l'hydrogène ne fait pas son apparition dans une proportion notable ? S'il ne domine point, quoique chez nous il ne se montre qu'en quantité presque impalpable ! Qui sait s'il n'y a point là-haut une sorte d'évolution progressive, analogue à celle que nous constatons sur la surface de la terre ? Autant de problèmes, autant d'études à accomplir dans des laboratoires flottants, par des réactifs sensibles, sous les yeux des

L'ascension doit être assez longue pour que les organes intérieurs aient le temps de s'habituer progressivement à la décroissance du poids de l'air ; les opérateurs doivent être *entraînés* par une série d'ascensions antérieures. Avec ces précautions on pourra dépasser l'altitude obtenue par Glaisher.

[1] Voir le *Traité de Chimie* d'Odlin, dont il vient de paraître une traduction due à M. Wilkins.

aéronautes. Ce n'est point seulement en rapportant quelques bouteilles dans les cabinets de la terre que l'on arrivera à découvrir la clef de tous ces attrayants problèmes.

Certainement des lois harmonieuses dirigent les mouvements de ce grand tout, où notre science imparfaite ne voit qu'une espèce de désordre étrange, indéchiffrable. Mais le génie humain, quelque brillant, quelque pénétrant qu'on le suppose, ne peut débrouiller ce chaos sans sonder toutes les plages de l'air [1], sans s'approcher du milieu inconnu.

L'océan éthéré n'est point fait certainement pour nos poumons terrestres. C'est sans doute notre imagination seule qui peut errer de sphère en sphère. Il n'y a pas d'Alexandre qui puisse avoir la prétention de trouver là-haut des mondes à conquérir. Est-ce une raison pour nous tenir à distance si respectueuse des limites de notre atmosphère.

M. Glaisher a signalé dans ses dernières ascensions un fait saillant, qui paraît avoir échappé d'une façon complète aux aéronautes physiciens qui n'ont pas pris connaissance de la cinquième partie de ses mémoires. Il a reconnu que la décroissance de la température, assez générale pendant la présence du soleil, semble faire place à un accroissement dans la

[1] Robertson a prétendu trouver de l'hydrogène dans de l'air analysé et puisé à 7,000 mètres d'altitude. Peut-être était-ce du gaz du ballon qui s'était mélangé avec l'air de la nacelle, c'est au moins l'opinion à laquelle on s'était arrêté, parce que Gay-Lussac avait trouvé un résultat tout autre. Mais il est bon de remarquer qu'il devrait en être ainsi, si le milieu planétaire était rempli d'hydrogène. Or, l'analyse de plusieurs météorites ferrugineuses a constaté que ces corps tombés du prétendu vide planétaire renfermaient une grande quantité d'hydrogène condensé dans leurs pores, comme s'ils s'étaient trouvés soumis à une pression immense, dans un milieu rempli de ce gaz. Nous ne tirerons aucune conclusion de ces rapprochements, mais nous les signalerons comme autant de problèmes dont doivent s'occuper les physiciens aéronautes.

quantité de chaleur pendant la nuit. On dirait que les lois générales de la répartition du calorique de l'atmosphère se trouvent complétement renversées dans la période nocturne, et non pas seulement altérées comme elle le sont temporairement pendant la période diurne, quand un *Gulfstream* aérien vient échauffer les régions supérieures. Ce phénomène étrange commence à se manifester au coucher même du soleil. Car en ce moment la température paraît atteindre une uniformité des plus remarquables, le thermomètre cessant d'éprouver la moindre variation sur une épaisseur de plusieurs milliers de mètres. Ajoutons cependant que cette uniformité ne paraît pas se manifester aussi nettement dans la couche de deux ou trois cents mètres que les captifs de Paris ont parcourus, en 1867 et 1866. Les variations étaient très-faibles dans les cas trop peu nombreux où j'ai pu les mesurer, mais elles m'ont toujours paru exister cependant d'une façon incontestable. Les expériences qui vont être faites à bord du captif de Londres, par M. Glaisher lui-même, montreront si le théorème est absolu, s'il est vrai pour les couches inférieures de l'atmosphère comme pour celles qui sont plus élevées. Est-il besoin d'insister sur l'influence que cette circonstance capitale possède dans les formules connues qui servent à la réduction des observations d'ascension droite et de déclinaison ! Voici une nouvelle cause d'erreur pour les astronomes, s'il ne se font point aider par les aréonautes pour étudier d'une façon sérieuse les lois de la réfraction dans des circonstances choisies [1]. Que

[1] La quantité, qu'on appelle la dépression de l'horizon dans les observations navales, acquiert en ballon une valeur bien autrement considérable ; elle se trouve liée à l'altitude qui peut aller dans l'état actuel de la navigation aérienne jusqu'à 10,000 mètres. Quel parti pourra-t-on tirer de l'étude de ces réfractions extraordinaires? c'est ce qu'il est encore impossible de dire, et ce que l'avenir seul nous permettra de découvrir.

En tout cas, le grand diamètre apparent de la lune et du soleil, diront les astronomes qui prétendent qu'il n'y a rien à apprendre en courant les nuages? Ils n'ont pas besoin de quitter la terre pour apprendre que leurs mesures les plus délicates, celles auxquelles ils attachent le plus d'importance, pèchent par la base?

En effet, les réfractions atmosphériques dont on fait un usage constant dans tous les observatoires sont calculées comme si la température allait toujours en décroissant à mesure que l'on s'élève dans l'atmosphère. Non-seulement les courants d'air chaud peuvent modifier les coordonnées du soleil, mais toutes les observations faites pendant la nuit sont affectées d'erreurs organiques, bien supérieures à la parallaxe des étoiles, dépassant de beaucoup certaines petites inégalités sur lesquelles la théorie des mouvements stellaires se trouve basée tout entière.

M. Glaisher a de plus énoncé une loi très-remarquable qui semble renverser les idées régnant actuellement à propos de l'analyse spectrale, ce merveilleux moyen que la science moderne a inventé pour sonder les espaces infinis.

Le savant physicien a reconnu que le spectre solaire ne s'appauvrit pas, comme on l'imaginait avant lui, de toutes les raies dites atmosphériques, et notamment de celles qui indiquent la présence de la vapeur d'eau, quand on l'inspecte d'une station aérienne élevée de quelques milliers de mètres. Il manifeste, au contraire, des raies à la fois très-fines et très-serrées que n'aperçoivent pas les expérimentateurs qui se tiennent à la surface de la terre.

Les conclusions de M. Glaisher sont diamétralement oppo-

quand ils se trouvent à l'horizon, paraît tenir à une curieuse illusion d'optique, confirmée par tous les aéronautes, qui se sont élevés à une grande hauteur. La terre, qui commence par offrir l'aspect d'un plan parfait, change de figure et se présente sous la forme d'une cuvette très-sensiblement relevée sur les bords.

sées à M. Janssens, physicien, qui s'est fait une spécialité de l'analyse spectrale, et que l'Académie des sciences a envoyé à Masulipatam pour étudier la dernière éclipse de soleil.

Faut-il en conclure que M. Janssens ait raison, ou bien affirmer au nom du parti pris que l'aéronaute a eu raison contre le physicien? Dieu nous garde de tomber dans l'un ou dans l'autre de ces excès diamétralement opposés. En effet, M. Janssens et M. Glaisher ayant observé dans des conditions différentes, puisque M. Janssens s'est contenté de s'élever à quelques milliers de mètres le long des pentes des Alpes, nous devons commencer par supposer que les deux observateurs ont raison et que le désaccord tient à la différence des stations qu'ils ont choisies.

Nous ne sommes pas réduits à la triste nécessité d'admettre que l'un ou l'autre de ces hommes éminents s'est trompé. On ne serait sans doute point étonné d'apprendre que le voisinage des glaciers, dans les expériences de M. Janssens, ait modifié les propriétés intimes de la lumière sur laquelle il a opéré. Ne voit-on pas que la couleur bleue du firmament disparaît dans les ascensions alpestres, tandis qu'elle s'accroît dans les excursions faites au milieu de l'atmosphère? Les aéronautes voient un clair de plus en plus franc, de plus en plus bleu à mesure qu'ils s'approchent des régions où les anciens avaient placé l'Olympe. Leur témoignage ne pourrait être invoqué par les physiciens qui aperçoivent le vide à travers le bleu du firmament, et croient qu'en s'appprochant du ciel, séjour de lumière, on voit par transparence l'obscurité. Si on les écoutait, c'est en haut qu'on chercherait la clarté de l'œil et de la raison. *Ad excelsiora!* Qui sait les découvertes qui attendent les heureux équipages des aérostats de l'avenir[1]!

[1] Qui nous oblige à tracer des limites à l'intelligence humaine, à l'activité des hommes? Edgard Poë, dans ses rêves poétiques,

Quel est du reste le seul moyen pratique de sortir de cette incertitude? N'est-ce point de multiplier à la fois les ascensions en montagne et les ascensions en ballon?

La géographie du spectre constitue pour ainsi dire une branche spéciale de la physique moderne, dans laquelle M. Janssens, de l'aveu de tous, s'est acquis un mérite tout à fait exceptionnel. Il est difficile d'observer aussi bien que lui dans les mêmes conditions physiques. Nous avons proposé à ce physicien éminent de nous accompagner dans une de nos expéditions pour appliquer lui-même le spectroscope dans les conditions où M. Glaisher s'est trouvé. Il nous a promis de le faire dès qu'il sera de retour de son voyage de l'Inde, où nous espérons qu'il sera favorisé par la Mousson.

Mais croit-on qu'il faille féliciter la prévoyance des savants qui vont en Cochinchine sans ballon, et qui, menacés de faire *chou-blanc* si la voûte céleste se barbouille, ont organisé l'expédition comme si la sublime invention de Montgolfier était encore à faire? Même quand le ciel serait resté d'une limpidité parfaite, ils ont perdu l'occasion d'examiner la nature des protubérances rosacées d'une manière nouvelle en négligeant d'or-

est plus raisonnable que ceux qui disent qu'il n'y a rien à apprendre en se servant des ballons. Loin de nous la pensée de dire qu'un jour viendra où les aéronautes pourront s'élancer à la conquête de la lune. Il est probable que l'air du monde diffère dans sa composition chimique de notre atmosphère terrestre, de telle manière que la respiration y serait impossible. Tout porte à croire que la vie à la surface de la lune serait impossible pour nos organismes terrestres, par une foule de raisons dont il est inutile de présenter ici la nomenclature. Cependant nous ne pouvons nous empêcher de faire remarquer que la lune ne se trouve qu'à une distance de soixante rayons terrestres. Il n'y aurait rien d'extraordinaire à ce qu'un ballon pût s'élever avec une vitesse régulière d'un kilomètre par seconde (en admettant qu'il fût assez léger, ce qui paraît absurde dans l'état de nos connaissances). Cette distance ne serait après tout dans ce cas que l'affaire d'un voyage de trois à quatre cents jours. Mais quittons ces rêves pour nous occuper d'objets plus sérieux!

ganiser une expédition dans la région des nuages. Qui oserait dire que cette différence d'aspect n'aurait point fourni quelques idées fécondes sur la nature de ces mystérieux appendices de notre soleil? Croit-on qu'un aéronaute n'aurait pu fournir son contingent d'observations intéressantes, de suggestions peut-être dignes de fixer l'attention de l'Académie?

Que de regrets nos savants compatriotes ne se sont-ils point préparés, si le malheur voulait qu'ils n'eussent quitté l'Europe que pour avoir au-dessus de leur tête un épais rideau de gros nuages obstinés!

Si ce sinistre astronomique arrivait, je ne me sentirais point la force de m'en plaindre, car cette dure leçon ne serait peut-être pas perdue. Elle servirait peut-être à éclairer les savants qui croient que dans les recherches astronomiques, les ballons dont ils ont peur sont des instruments superflus. Cette expédition inutile justifierait mieux que tous les discours, les novateurs téméraires, les affreux petits rhéteurs, qui osent s'étonner quand nos astronomes vont dans l'Inde pour attendre respectueusement que messieurs les nuages veuillent bien s'écarter un peu pour laisser arriver jusqu'à eux la lumière des cieux!

Pour peu que l'on ait feuilleté les mémoires du grand Herschell, de Struve, de Lalande, de lord Ross, on est frappé de l'espèce d'incertitude qui règne dans l'astronomie stellaire. Jamais un astronome sérieux n'est certain de la grandeur relative de l'éclat des étoiles ou de la valeur optique de leur teinte. Il n'est jamais sûr, quand la lumière d'une étoile faiblit, qu'il faille l'attribuer à un changement quelconque arrivé à sa surface. Il peut arriver, en effet, qu'elle en soit innocente comme l'enfant qui vient de naître, mais que les propriétés optiques des milieux traversés par les rayons qu'elle nous envoie aient été modifiées le long de leur parcours! Que de substances différentes, inégalement diaphanes, quoique toutes à peu près transparentes, ne doit point rencontrer cette lumière si lointaine avant de frapper notre rétine ! Que de matières peuvent lui enlever une portion de sa force, ou changer la nature de sa couleur! Que d'étamines ne doit pas traverser la lumière dans ces plages où nous avons mis le vide, mais où la nature, qui n'a pas lu la *Mécanique céleste*, a répandu à profusion le mouvement et la vie.

Si nous prétendons étudier les propriétés de ces flammes mystérieuses, débarrassons-nous au moins des nuées grossières que nous voyons au-dessus de nos têtes flottant dans notre atmosphère terrestre. Transportons-nous dans des régions où nous n'avons plus à redouter que les nuages, qui obscurcissent la limpidité de l'océan céleste où nagent les planètes. Pénétrons aux frontières du milieu divin, où il paraît que les hommes ne peuvent vivre, mais où les soleils eux-mêmes trouvent la substance qui nou rit leurs rayons!

Il restera certainement bien assez de causes d'erreurs dont il serait impossible de se garantir, même en allant jusqu'aux limites de l'air respirable. Supprimons au moins les brumes inférieures auxquelles nous pouvons échapper par une facile excursion à trois, quatre ou cinq mille mètres de hauteur. Au lieu de nous borner à transporter notre observatoire flottant, comme celui de Paris, sur les hauteurs de Fontenay-aux-Roses, allons chercher un air toujours pareil à lui-même, constamment plus limpide que sur les plus hautes cîmes des Andes ou de l'Hymalaya !

Nous trouvons dans le dernier rapport de M. Mancini, directeur de l'Observatoire du Collége romain, plusieurs preuves frappantes de l'incertitude à laquelle on est réduit dans les apparitions d'étoiles filantes, avec les malheureuses habitudes de nos astronomes de ne point s'apercevoir que les ballons ont été inventés. Pour observer l'apparition des météores d'août 1867, les savants italiens ont établi deux centres temporaires d'observation, l'un à Florence, et l'autre à

Alexandrie. Les astronomes d'Alexandrie trouvèrent que le maximum s'était produit le 12 à 3 heures du matin, et ceux de Florence déclarèrent au contraire qu'il s'était produit la veille à la même heure. Il serait absurde de supposer qu'une si faible distance a suffi pour produire une différence aussi saillante dans la manière dont on apercevrait le phénomène dans un ciel d'une pureté pareille. Qu'est-ce qui a donc produit une discordance assez grande pour que, malgré leurs prétentions de ne jamais abandonner la terre, les astronomes ne fassent dans ce cas important que de la science en l'air? N'est-ce point l'état du firmament, dont on ne peut répondre tant qu'on ne s'élève point au-dessus de toutes les brumes, non-seulement nulles mais encore possibles? En effet, pour que l'on puisse avoir confiance dans le résultat d'observations de cette nature, il ne suffit pas que le ciel soit limpide, il faut encore qu'il ne puisse être soupçonné d'être zébré de nuages qui, quoique invisibles, altèrent sa transparence.

Au mois d'août 1868, les astronomes italiens cherchent encore une fois à déterminer les orbites de ces corps. Mais autre embarras, la lune se trouve voisine du radiant des étoiles filantes, sa lumière éclipse la plupart des météores, aussi les observations qui ont eu lieu cette fois à Rome ne donnent le maximum que d'une façon vague. On ne découvre qu'une différence de quatre unités entre le nombre des apparitions du matin, et celui des apparitions du soir.

Il en aurait été tout autrement si l'on s'était élevé à une hauteur de 4 à 5,000 mètres, car l'éclat absorbe des étoiles *filantes ou non*, augmente en même temps que le rayonnement diminue d'une égale manière [1].

[1] Il faut ajouter que le gouvernement pontifical paraît bien éloigné d'avoir recours aux ballons, car il vient de publier, à ce que l'on dit, une ordonnance pour défendre de s'enlever avec une femme dans les airs. (Voir l'*Appendice*.)

Quand même le catalogue d'étoiles que l'on pourrait construire en utilisant toutes les nuits sans lune se bornerait à établir la valeur optique des constellations visibles à la vue simple, il n'en constituerait pas moins un point de départ inébranlable pour l'astronomie des siècles futurs. Est-il nécessaire d'allonger cet opuscule pour indiquer tous les progrès que l'astronomie stellaire fera le jour où on possédera deux ou trois mille points de repère dont la valeur optique aura été déterminée. N'est-il pas temps que l'astronomie contemporaine se préoccupe de fixer l'état des constellations par des mesures qui, quoique exécutées à la vue simple, serviraient de base aux recherches effectuées dans vingt ou trente siècles d'ici ? N'est-ce point à la nation qui a trouvé les aérostats que doit appartenir l'honneur de les utiliser à des études qui n'en seraient pas moins sublimes, quand bien même elles n'auraient été exécutées qu'à la vue simple, car l'instrument ne fait en aucune façon le mérite de l'observateur. Galilée n'avait pas de lunettes bien puissantes quand il changea la face de l'astronomie moderne. Au contraire, les mauvais ouvriers astronomiques ne sauraient jamais avoir de bons outils, auraient-ils entre leurs mains les plus splendides sidérostats du monde.

Mais il ne faut pas croire qu'il soit impossible de se servir d'instruments d'optique d'un assez grand pouvoir, en modifiant légèrement peut-être ceux dont doivent se servir les astronomes qui restent à terre. On pourrait, par exemple, adapter des jumelles astronomiques composées de deux lunettes associées, qui seraient d'une manœuvre très-commode et qui seraient facilement douées d'un pouvoir grossissant supérieur à celui des meilleures lunettes marines. Il me semble que rien n'empêcherait de monter une lunette sur pivot dans un coin de la nacelle, et qu'avec de l'habileté et un pied mobile on arriverait à voir bien des choses ; on parviendrait sans doute à suivre les astres au moins en triomphant des petits mouvements de rotation du ballon[1]. S'il faut même dire notre pensée tout entière, le ballon lui-même est susceptible de servir d'écran, pour étudier le ciel dans le voisinage d'un astre puissant. Ne pourrait-on pas se servir de son profil pour jalonner l'espace céleste et décrire la route suivie par les météores? L'aréostat est susceptible d'être transformé, comme nous l'avons dit, en instrument de précision, si l'on pénètre ce que je voudrais pouvoir appeler son caractère, si l'on se préoccupe de profiter de son inconstance, de ses défauts eux-mêmes, si on se garde de chercher à exiger de lui ce qui lui est interdit par la nature des choses. Mais que les astronomes qui restent à terre se rassurent, même dans ce cas, ils auraient encore bien du fil à leur quenouille analytique. Ils auraient à déterminer, avec le même soin que maintenant, les ascensions droites et les déclinaisons; ils ne devraient renoncer à aucune partie de leur besogne régulière. Bien plus, chacune de leurs opérations acquerrait un intérêt nouveau, car elle serait complétée par ce que verraient les enfants perdus de la science dans la région supérieure aux derniers nuages!

Que de choses n'apercevraient point les astronomes-aéronautes en flottant ainsi dans la nuit noire? Arago avait coutume de dire que l'imprévu a la part du lion dans les circonstances ordinaires; il disait vrai, mais combien n'aurait-il pas eu plus raison encore s'il eût parlé d'observations faites

[1] Ce résultat ne peut être atteint qu'à force d'habitude, de dextérité spéciale, tant que l'on n'arrivera point à être maître de son ballon dans un air à peu près calme; mais cette direction *partielle* resterait-elle longtemps hors de la portée des navigateurs aériens, si on en poursuivait l'étude par des moyens rationnels? Les mouvements de rotation du ballon ne seraient-ils point diminués dans une proportion notable, en lui donnant une forme elliptique?

dans des circonstances aussi nouvelles, aussi favorables pour exciter l'esprit, pour aiguiser la sensibilité de la vue, de l'ouïe et du tact, pour saisir l'imagination des explorateurs [1].

On peut citer comme exemple de ces découvertes imprévues, de ces bonnes fortunes scientifiques, qui arriveront forcément aux aéronautes, l'averse des météores d'août découverts par Garnerin dans une ascension faite pour la Saint-Napoléon, en 1808, qui le conduisit, grâce à un vent violent, jusqu'en Lorraine.

L'aréonaute, qui s'était préparé aux ténèbres, se vit plongé dans une pluie de feu. A peine alors si les grands savants qui restent à terre croyaient aux récits de Humboldt et de Bomplaudt. Son rapport fut consigné dans le *Moniteur universel* du temps. Mais, exemple qui n'est pas non plus à dédaigner dans l'histoire des sciences, personne ne fit attention à ce passage, même lorsque l'on s'occupa cinquante ans plus tard d'étudier la périodicité des averses de novembre. Cette décou-

[1] Du moment qu'un aéronaute connaît bien sa route, il peut courir des bordées verticales comme Duruof l'a fait dans son ascension du 16 août, toutes les fois qu'il reconnaît l'existence de courants superposés entre lesquels il peut choisir. Dans l'état actuel de l'aéronautique, la difficulté réelle n'est point de monter ou de descendre, mais de faire le choix des courants qui conduisent dans la direction que l'on veut atteindre. Si l'on ne perdait jamais de vue la terre, le passage du détroit n'offrirait point une difficulté bien grande, car la Manche est presque toujours parcourue par une multitude de courants contradictoires. Il n'y a que l'embarras de prendre un parti prompt ; mais cet embarras est grand, quand tout faux coup de lest conduit en plein sur la mer du Nord.

Dans l'état actuel des choses, et tant que l'on ne trouvera point sa route par rapport au soleil ou aux étoiles, sans avoir besoin de la terre, je proposerai de tenter le passage par le Hâvre ou par Cherbourg. Dans ce cas il faut prendre un vent régulier qui semble bien établi, et qui soit signalé sur les côtes anglaises. Avec une bonne brise, le passage doit se faire en trois heures, et c'est à une brise bien franche que peuvent se fier seulement les expérimentateurs. (Voir l'*Appendice*.)

verte importante, à mettre à l'actif de l'*imprévu* d'Arago, dans les hautes régions, serait encore oubliée, si elle n'avait été signalée par M. Richard, le doyen des aéronautes français.

Pour déterminer la hauteur de la lueur crépusculaire et sa forme, il paraît avantageux de choisir le crépuscule du matin, l'aurore, à cause de la possibilité de descendre en plein jour. Toutefois il n'est pas hors de propos de remarquer que les ascensions nocturnes auraient de grands avantages si l'on arrivait à emporter du feu, ce compagnon nécessaire de la pensée humaine, sans danger d'explosion ou d'incendie bien entendu. Ce problème a été résolu d'une façon complète par Glaisher, à l'aide de lampes de sûreté perfectionnées, qui pouvaient brûler sans accident au milieu d'un jet de gaz d'éclairage.

Mais nous n'approuverons point les aéronautes de se contenter d'une quantité de lumière que les mineurs trouvent à peine suffisante dans les entrailles de la terre.

Le seul procédé digne de ceux qui veulent sonder le pays de la lumière est de pourvoir le ballon des soupapes dont nous avons indiqué plus haut l'utilité, et qui empêchent tout afflux de gaz. Les lampes peuvent être en outre disposées de manière à consommer de l'air extrait de dessous la nacelle. Un mécanisme peut permettre de les éteindre instantanément, et de les allumer à l'aide de l'étincelle électrique. La réussite peut être aussi absolue qu'avec les tubes de Geisler, ou les vers luisants dont quelques aéronautes trembleurs ont imaginé de garnir leur chapeau! (Voir l'*Appendice*.)

Le feu n'est pas seulement indispensable pour éclairer, il l'est surtout pour chauffer les voyageurs, car on peut s'affranchir des ténèbres qui ne sont que temporaires, tandis que le froid est dit-on éternel dans les hautes régions de l'atmosphère, but suprême et sublime de nos efforts. La chaleur obscure que l'on obtiendrait, comme l'ont proposé certains chimistes, ne saurait nous suffire pas plus que de simples phosphorescences pour lire nos thermomètres. Quand nous avons un réservoir du plus puissant de tous les combustibles au-dessus de nos têtes, le commencement de la sagesse aéronautique est de commencer par apprendre à en faire usage. Ils seraient indignes des beaux problèmes dont ils chercheraient la solution, ceux qui se contenteraient de bouteilles d'eau bouillante, comme les passagers des trains de première classe, de mélange d'eau et d'acide, ou bien des températures produites par l'extinction de la chaux vive.

Il est possible que Prométhée ait ravi le feu du ciel comme la mythologie nous l'enseigne. Mais ce qui est certain, comme nous ne saurions trop le répéter, c'est qu'il est temps que la terre rende au firmament ce qu'elle a pu recevoir !

La lumière zodiacale, qui se montre à l'automne et au commencement du primptemps, ne peut être l'objet d'observations longuement préparées à l'avance. Malgré l'ignorance où l'on affecte d'être, lorsqu'il s'agit de navigation aérienne, nous ne croyons pas qu'il soit nécessaire d'insister sur l'avantage qu'il y aurait à faire servir des ascensions simultanées à la détermination de sa nature, sur laquelle nos astronomes sont dans l'incertitude la plus honteuse. Aucun d'eux, en effet, n'ose dire si elle appartient à la terre, si elle tient au soleil, si elle gravite dans l'espace céleste planétaire !

La seule difficulté sérieuse sera, non de voir le secteur zodiacal toutes les fois qu'il doit apparaître, mais de reconnaître la situation que l'observateur occupait à la surface de la terre.

L'élément géographique peut être déterminé avec une approximation plus que suffisante à l'aide de l'estime en se rapportant aux objets terrestres que l'on peut apercevoir en redescendant des nuages. Du reste, si les ascensions durent peu de temps, une heure ou deux heures, l'erreur sur la situation du ballon ne peut être importante. L'erreur commise est donc presque négligeable pour l'étude de cet objet lumineux, même si l'on cherche à obtenir des résultats d'une précision véritablement astronomique. Elle devient tout-à-fait insignifiante si l'on prend toutes les précautions nécessaires, car le feu nous fournira l'argument sans réplique. Combien ne serait-il pas facile de déterminer avec précision la route d'un observatoire volant qui lancerait des bombes, des fusées à la congrève, des rayons d'électricité, qui serait accompagné, s'il est nécessaire, d'artifices ? Ce que des saltimbanques ont fait bien des fois dans les jardins publics, sans précautions suffisantes, d'une façon irrationnelle, est-ce que de véritables savants se refuseraient à le tenter dans l'intérêt de la science ? S'il en était ainsi, on pourrait dire que le monde est perdu, que l'humanité dégénère, que la société, suivant un proverbe turc, ressemble à un poisson qui se pourrit par la tête.

L'aurore boréale éclate à l'improviste et l'on ne peut se préparer à l'apercevoir. Mais elle se manifeste par de violents troubles électriques tellement énergiques, que l'on peut dire que c'est la nature qui donne le signal du départ aux aéronautes éloignés qui ne voient point les flammes en restant à terre !

Que de renseignements précieux à découvrir en s'élançant dans les airs jusqu'à la région où l'on pourra les apercevoir ! Quel spectacle digne des dieux que d'avoir son nadir recouvert d'un tapis de lumière, qui sait peut-être, de naviguer dans la mer de flammes ? Quand nous sera-t-il donné d'assister, du haut de la nacelle d'un aérostat, à ces fêtes de la nature, alors que notre pauvre grenouille semble vouloir rivaliser avec le gigantesque bœuf qu'on nomme le soleil.

Il faut cependant ajouter que ces recherches sublimes supposent des aérostats manœuvrés par des équipages d'élite, pourvus de tous les appareils de sûreté que le génie humain a découverts. Car il semble que de grands troubles électriques sont le plus souvent des avants-coureurs de tempêtes. Mais l'honneur de mettre en évidence une connexion aussi importante vaut bien quelques hasards.

Malgré le petit nombre des aéronautes, on trouverait certainement à recruter parmi eux les équipages nécessaires pour procéder à ces magnifiques expériences. Le sentiment du devoir scientifique, si faible trop souvent parmi les savants *qui restent en terre*, n'est point éteint chez les fils de l'air. Toutefois, il faut remarquer encore que sans le secours de la flamme, tous les grands efforts mécaniques, peut-être nécessaires dans ces circonstances, sont impossibles. Un foyer de machine à vapeur ne saurait être entretenu à bord de ballons imparfaits sans augmenter les dangers que l'on chercherait à prévenir. Une base essentielle de l'aéronautique, c'est donc de faire l'exercice à feu dans les nuages ! !

Sans chercher à deviner, sans aller au hasard, sans nous demander si l'on pourrait vivre dans la familiarité des astres, sans nous préoccuper des idées qui pourraient surgir sur leurs propriétés, leur organisation, leur nature, nous avons donc à résoudre d'immenses problèmes préoccupant la science contemporaine, même la plus terre-à-terre. N'avons-nous pas nommé la lueur crépusculaire, qui a donné naissance à tant de mémoires tronqués, de calculs incomplets, d'observations à reprendre?

Comment, sans des ascensions multipliées, nous rendre compte des limites de ces apparitions, de leur énergie, de leurs teintes, de leur situation par rapport au soleil et par rapport à la terre, de leur liaison avec les grands phénomènes cosmiques, de leur périodes d'éclats, de leurs allures ! Que de questions à résoudre, à poser même ! que d'hypothèses à contrôler, à épurer, à combiner les unes avec les autres. Mais il nous semble que nous insistons trop sur des vérités évidentes d'elles-mêmes [1].

Nous avons déjà indiqué plus haut la résolution prise par M. Glaisher d'exécuter une campagne complète d'ascensions captives, à bord du nouveau captif de Londres, qui sera livré au public le printemps prochain.

Elle serait trop longue, la liste des expériences auxquelles

[1] Parmi les objets imprévus dont l'astronomie en ballon peut avoir à se préoccuper, il faut compter les offuscations du soleil, longtemps dédaignées, et auxquelles on commence à accorder l'intérêt dont elles sont dignes à tous égards. Ces phénomènes sont en effet plus fréquents qu'on ne l'imaginait, et ils sont peut-être susceptibles d'être rattachés les uns aux autres.

Le lundi 3 mai de cette année, on a pu remarquer, à Paris, de neuf à dix heures du matin, un brouillard sec, très-intense et obscurcissant l'éclat du soleil. Le lendemain, un affaiblissement très-sensible de la lumière solaire s'est également manifesté.

D'après le *Messager de Toulouse*, un phénomène des plus intéressants s'est produit le 4 mai au soir, et la population de cette ville n'a pas été médiocrement étonnée en voyant, le lendemain, la terre couverte d'une poudre jaunâtre, ressemblant beaucoup à du soufre pulvérisé. Les environs de la gare et quelques autres points de la ville en avaient reçu plus abondamment. L'aspect de cette pluie jaune indique, comme provenance, le pollen des fleurs de quelques forêts de pins, sans doute, qui peuvent d'ailleurs être transportées par le vent à d'assez grandes distances.

Au même instant, Naples a été témoin d'un phénomène analogue, très-rare dans ce climat. Vers six heures du soir, un immense brouillard blanc, venant de la mer, a enveloppé en peu de moments le golfe et la ville ; on ne voyait plus le Vésuve ni les hauteurs de Saint-Elme, et les habitants de Santa-Lucia ne pouvaient apercevoir le fort de l'Œuf, qui est à quelques pas d'eux. Cette obscurité générale était d'autant plus effrayante qu'elle succédait brusquement à l'une des plus brillantes journées de printemps. Ce phénomène a duré une demi heure dans toute son intensité. Ensuite ce brouillard, devenant encore plus épais s'est abaissé des hauteurs de l'atmosphère vers le sol, formant ainsi un immense linceul blanc. Des points les plus élevés de la ville on voyait au-dessus du brouillard les lignes du sommet du Vésuve, de la Somma et des montagnes de Castellamare et de Sorrento se détacher dans une atmosphère d'une transparence parfaite. Cette seconde période du phénomène a duré plus d'un quart d'heure, formant un spectacle de toute beauté.

le savant physicien compte se livrer, pour que nous essayons de l'indiquer. Du reste, ce n'est point à nous qu'il appartient de tracer un programme à l'illustre aéronaute qui a pénétré dans des régions inexplorées, et qui a porté la vie, la science, la pensée, à plusieurs milliers de mètres au-dessus du niveau où Gay-Lussac, Robertson, Bixio et Barral avaient été obligés de s'arrêter. Mais il nous est impossible de terminer cet opuscule sans faire quelques remarques sur le rôle scientifique que ces ascensions semblent appelées à jouer dans le développement de l'aéronautique, et de tout ce qui s'y rattache..

C'est, comme nous l'avons déjà fait remarquer, par des ascensions captives, que Pilâtre des Rosiers débuta dans la carrière aérienne où il devait s'immortaliser.

Sans les glorieuses campagnes des aérostats militaires, il est permis de douter que l'on soit parvenu à organiser ce bonds célèbres, auxquels on doit presque toutes les notions que l'on a possédées pendant longtemps sur la physique aérienne, car c'est le ballon de Fleurus qui, acheté par le physicien Robertson, lui permit de faire sa belle ascension avec l'académicien Sakaroff. C'est l'illustre Conté, l'ancien directeur de l'école aérostatique de Meudon, où l'on enseignait l'art des ascensions captives, qui fit tous les préparatifs de l'ascension de Gay-Lussac, et contribua par conséquent à son succès pour plus de moitié. Est-il donc surprenant que les ascensions captives, qui ont pour ainsi dire guidé les premiers pas de l'aéronautique, viennent donner une impulsion puissante à un art si étrangement négligé ? Le nouveau service que les ascensions captives commencent à rendre à la physique céleste est tout à fait conforme à la tradition scientifique. Une nouvelle période s'ouvre dans l'histoire des ballons, tirés enfin des fêtes publiques, et dont les savants vont s'emparer. Il serait téméraire de tracer la limite des découvertes que leur usage rendra possibles. Mais il y aurait de l'ingratitude à ne pas rendre hommage à tous ceux qui ont préparé cette renaissance de l'aéronautique. Il faudrait bien peu connaître la logique des choses et l'état actuel de nos connaissances pour se figurer que la nouvelle période sera inféconde, qu'elle restera sans influence au milieu de nos doctrines actuelles, qu'elle respectera des opinions usées, dont plusieurs semblent prêtes à s'abîmer sous leur propre poids !

Combien nous avons au contraire d'excellentes raisons pour avoir confiance dans l'avenir, pour croire qu'il y a une ample moisson de découvertes à faire et de gloire à recueillir pour tous les physiciens, les astronomes et même les poëtes, en un mot pour tous ceux qui, savants ou ignorants, iront chercher de nouvelles impressions dans les plaines de l'air.

APPENDICE

Ascensions de M. Glaisher.

Les dernières nouvelles de Londres nous apprennent que les ascensions du *Captif* ont été inaugurées par M. Glaisher, mais elles ont été interrompues à cause d'un accident survenu au gazomètre. Les mesures ont été prises par M. Glaisher pour pouvoir commencer sa série d'expériences dès les premières opérations de la prochaine campagne d'ascensions.

Nous ne nous arrêterons point à faire remarquer combien il est à regretter que les savants français n'aient pas cru devoir prendre l'initiative de recherches de cette nature à bord du captif qui a fourni deux campagnes à Paris, l'une à l'avenue de Suffren, et l'autre à l'Hippodrome des Champs-Élysées. Mais il nous semble que cette circonstance nous impose le devoir de présenter à nos lecteurs un résumé de l'histoire des vingt-neuf ascensions scientifiques de M. Glaisher, car ses émouvantes expériences n'ont point encore été racontées en détail. On ignore généralement aussi avec quel soin le savant directeur de l'Observatoire météorologique de Greenwich a calculé les tableaux qui accompagnent le récit de ses observations, et qui en augmentent la valeur. Il nous a été impossible de reproduire, dans cette brochure, des chiffres qui suffiraient pour remplir un fort volume in-8. Nous engageons donc les personnes qui voudraient se rendre compte de la manière dont les observations ont été réduites, de lire les volumes des Rapports de l'Association Britannique où ils ont été insérés. C'est d'après ce modèle que nous nous efforcerons de traiter nos propres observations, dès qu'elles auront acquis un degré de précision suffisant, et que nous aurons arrêté un programme définitif d'études aériennes.

Nous avons conservé, dans le résumé que nous mettons sous les yeux de nos lecteurs, les mesures anglaises, uniquement parce que le temps nous a manqué pour effectuer les réductions nécessaires avant notre départ pour l'expédition aérienne que nous venons d'exécuter avec MM. Duruof et Tissandier. Nous espérons que notre zèle pour l'étude des questions aériennes sera considéré comme une circonstance atténuante pour les erreurs involontaires qui ont pu se glisser dans notre travail. Car nous ne craignons pas d'avouer que nous avons tenu à donner notre bon à tirer, avant de commencer une série d'études nécessairement absorbantes. Nous avons craint de reculer, pour la recherche d'une imperfection moins grande, l'apparition d'un petit volume qui contient notre profession de foi en matière aérostatique.

Quant aux mesures anglaises en elles-mêmes, nous saisissons cette occasion pour déclarer encore une fois que nous les trouvons détestables. C'est avec surprise que nous voyons une nation intelligente refuser si longtemps d'exécuter les immortels décrets de la grande République française, relatifs au système métrique. Cependant il faut avouer que ce contre-sens n'attristerait point encore aujourd'hui les amis des sciences, si les astronomes français, gardiens naturels des poids et mesures, n'avaient commencé par déserter le système métrique, confié à leur honneur académique.

Les ascensions de M. Glaisher ont eu lieu sous le patronage d'un comité de savants, qui ont contribué à dresser le programme des recherches à exécuter, et qui ont aidé ce savant dans le choix des instruments à emporter dans l'air, dans les démarches pour se procurer l'argent et le gaz. Il faut même ajouter que ce côté des ascensions a bien laissé à désirer, car plusieurs expériences de M. Glaisher ont été exécutées à des heures incommodes, et au Palais-de-Cristal, parce que le directeur de cet établissement donnait le gaz gratis. L'ascension scientifique servait de supplément au spectacle attirant le public de Londres dans ce bel établissement. Il fallait donc que M. Glaisher fît son départ à une heure où le public trouve agréable de voir un ballon s'élever dans les airs. Peu importait aussi que l'aéronaute fût obligé de descendre précipitamment pour éviter d'être jeté dans la mer. *Omne tulit punctum qui miscuit utile dulci.* La composition du comité de M. Glaisher a éprouvé peu de modifications pendant les quatre années qu'ont duré les expériences. Il se composait, à l'origine, d'une douzaine de membres dont voici les noms :

Le colonel Sykes, l'astronome royal; lord Wrotesley; sir David Brewster et sir J. Herschell, membres associés de l'Institut de France; l'amiral Fitzroy, directeur du service météorologique; M. Tyndall et M. Fairbairn, correspondants de l'Institut; M. Miller, auteur de recherches sur l'analyse spectrale; M. Gassiot, l'électricien; les docteurs Lloyd, Lee et Robinson.

M. Glaisher a emporté un baromètre à siphon, dont M. Welsh s'est servi dans ses ascensions en 1852; deux thermomètres aneroïdes de Zamba et Negretti, gradués l'un jusqu'à 13 pouces et l'autre jusqu'à 5. Pour les dernières ascensions, on construisit un baromètre à siphon particulier, de crainte que la courbure de la tige ne viciât les indications. Il avait encore deux thermomètres accouplés, l'un à boule sèche, l'autre à boule humide, protégés par un cône en argent poli contre l'action des rayons solaires; deux autres thermomètres placés dans des tubes d'argent, où l'on fait circuler l'air avec un aspirateur, l'hygromètre à condensateur de Regnault, tel qu'il est décrit dans l'*Annuaire météorologique de la France* pour 1849, l'hygromètre de Daniel. La boule des thermomètres était cylindrique; elle avait trois quarts de pouce de longueur et un quart de pouce de diamètre. La graduation, gravée sur une échelle d'ivoire, s'étendait à 40° au-dessous de zéro. En 10 ou 12 secondes, ces instruments prenaient la température du milieu ambiant à moins de un demi degré Fahreinheit. Quand elle était plus élevée, il leur fallait deux fois plus de temps pour marquer avec la même approximation la température d'une enceinte plus froide.

M. Coxwell, qui menait le ballon quelquefois avec un aide, était séparé de M. Glaisher par la table d'expériences. La table débordait à droite et à gauche de la nacelle, et elle portait des entailles préparées à l'avance pour recevoir les instruments. Au centre se trouvait le cahier pour les notes, et au-dessus une montre réglée sur le temps de Greenwich. L'aspirateur était placé de manière que M. Glaisher pouvait le manœuvrer soit avec la main, soit avec le pied. Des trous avaient été pratiqués dans la table pour laisser passer les tubes destinés à l'écoulement de l'eau. Un panier servait à l'emballage de tous les instruments pendant la descente, moment où ils courent tous des risques plus ou moins grands. Il faut en tenir compte dans leur construction, et les instruments destinés aux ballons ont tous besoin d'une grande solidité. Le ballon était en soie, mais gonflé avec du gaz d'éclairage. Il est vrai que ce gaz était quelquefois obtenu par une distillation plus longue que d'ordinaire et tiré de houilles anthraciteuses.

Première ascension de Wolverhampton, 17 Juillet 1862.

Elle fut retardée pendant plusieurs jours à cause des troubles atmosphériques. Quand le ballon s'enleva, le vent soufflait de l'ouest avec une assez grande violence.

On ne put prendre aucune observation avant d'arriver à 3,800 pieds de la surface de la terre. A 4,000 pieds on entre dans les nuages, qui avaient 4,000 pieds d'épaisseur. Les instruments ne furent tous en ordre que lorsque l'on fût arrivé à 10,000 pieds, 2,000 plus haut que la surface supérieure des nuages. Le ciel était d'une couleur bleu indigo, sans aucune trace de nuages. A 13,000 pieds, la température était à 26° Fahr., et le point de rosée à 19°, et les voyageurs aériens allaient mettre leurs couvertures, quand la température commença à croître jusqu'à 20,000 pieds, où elle fut de 42°, avec un point de rosée à 24°. Alors commença la descente, qui fut très-rapide, car le ballon était parvenu à une hauteur de 5 milles, et se trouvait à une faible distance du Wash, golfe de la mer du Nord, où M. Coxwell craignait de tomber. La température fut trouvée très-basse pendant cette opération, peut-être à cause de l'effet du courant d'air vertical. Le ballon passa dans un brouillard épais de 8,000 pieds, qui satura les toiles d'humidité. Aussi, quoique M. Coxwell jetât son lest par grandes masses, le choc fut très-violent; presque tous les instruments furent brisés. A une hauteur de 5 milles, le ballon avait encore près de 500 livres de lest, ce qui donne une idée de sa puissance et de son état d'entretien, excellent à cette époque. La descente eut lieu près de Ooakham, dans le Rultlandshire.

Première ascension du Palais-de-Cristal, 30 Juillet.

Il était 4 heures 40 minutes quand le ballon quitta terre par un vent modéré venant du sud-ouest. A 6 heures, il était à 7,000 pieds; à 6 heures 30 minutes, il prenait terre près de Gravesend, pour éviter de tomber dans la Tamise. La descente fut rapide, mais sans que les aéronautes cessassent d'en rester maîtres. La décroissance de la température fut encore très-notable pendant que le ballon se rapprochait de terre.

Deuxième ascension de Wolverhampton, 18 Août.

Le temps étaht favorable, on disposa les instruments avant le départ, de manière à pouvoir commencer les observations avant de quitter terre, ce qu'il est très-difficile de faire. Un léger vent soufflait du nord-est; mais comme l'ascension fut très-rapide, le ballon s'éleva presque perpendiculairement. Dix minutes après le départ, il traversait un joli cumulus, qui le séparait d'un ciel bleu, tacheté de quelques légers cirrhus. Le départ eut lieu à 1 heure 2 minutes. Après une première ascension à 12,000 pieds, on laissa retomber le ballon à 3,000 pieds vers 1 heure 50 minutes, et l'on remonta lentement jusqu'à 24,000 pieds de hauteur, à 2 heures 30 minutes. Des nuages épais ayant caché la vue du sol, les aéronautes jugèrent prudent de ne point continuer l'ascension. Sur le continent on peut être plus hardi, surtout quand le vent souffle vers l'est. On descendit rapidement à 3 heures et quelques minutes. On était à terre à 7 milles de Birmingham.

Deuxième ascension du Palais-de-Cristal, 20 Août, 6 heures 26 minutes du soir.

Par un air calme, on vit le merveilleux spectacle de l'allumage des becs de gaz dans la ville de Londres. Les rues et les ponts forment comme de riches constellations d'étoiles. On peut noter chaque mouvement du ballon, en le rapportant à des milliers de phares. Après avoir passé Londres, on aperçoit une sorte de phosphorescence produite par la masse de lumière répandue dans toutes les directions.

La descente eut lieu au centre d'un champ à Mill-Hill, à environ un mille et demi de Hendon, vers 9 heures. Il y avait dans la nacelle, outre ses passagers ordinaires, M. Ingelow, le capitaine Percival et le fils de M. Glaisher, en tout cinq personnes. Cependant le ballon était encore plein de gaz en arrivant à terre.

Ascension de Mill-Hill près d'Hendon, 21 Août.

Le lendemain, à 4 heures du matin, le ballon s'élevait presque aussi léger que la veille, après avoir passé la nuit amarré dans les champs. Il y avait beaucoup de brouillards dans l'air. Le ciel était couvert de cirrostratus, que les voyageurs allèrent visiter, et où ils rencontrèrent de merveilleux effets d'optique. Rien n'est plus ravissant qu'un voyage dans ces masses tourmentées de vapeurs épaisses, différant par leur teinte, par leur forme, offrant tous les contrastes que l'on rencontre sur les hauts sommets des Alpes. On remarqua que l'ombre portée par le ballon sur les nuages était entourée des couleurs de la décomposition prismatique (rouge en dehors). Les dimensions et l'intensité de cet anneau, qui était elliptique, augmentèrent jusqu'à ce que le ballon eût disparu dans un nuage. A la hauteur de deux milles, on entendit l'aboiement d'un chien. La descente eut lieu sur les terres de lord Browenlon, à Dunton-Lidge près de Biggsleswade. On s'était élevé à près de 3 milles dans cette seconde ascension, faite avec le gaz de la veille. Cette manœuvre peut être pratiquée par d'habiles aéronautes beaucoup plus souvent qu'elle ne l'a été jusqu'à ce jour.

Troisième ascension du Palais-de-Cristal, 1er Septembre, à 4 heures 40 minutes du soir.

Tardive comme toutes celles qui ont lieu en présence du public. En 4 minutes le ballon s'éleva à un demi-mille de hauteur. On apercevait tout le cours de la Tamise depuis Richmond. Il était marqué par des masses de vapeurs, qui en sortaient et montaient jusqu'au ciel. Ce phénomène coïncidait avec une forte marée, qui avait rempli la Tamise d'eau plus chaude que l'air. Il montrait très-bien que les physiciens ont raison d'expliquer la formation des brouillards par la condensation dans l'air froid de vapeurs sortant des masses d'eau. Une pluie survint à une hauteur de 3,000 pieds, et égalisa subitement la température, tellement qu'on ne put constater de différence en passant de 3,000 à 1,300 pieds. M. Glaisher était accompagné par M. Mac-Donald, sous-secrétaire de la Société météorologique d'Angleterre. Là descente eut lieu à 6 heures 15 minutes près de Working, dans le comté de Surrey.

Troisième ascension de Wolverhampton, 5 Septembre.

Elle fut exécutée par M. Glaisher et M. Coxwell tout seuls. Elle commença à 1 heure 3 minutes du soir, et se termina un peu après 3 heures dans une prairie appartenant à M. Kersall, à Coldweston, à 7 milles et demi de Ludlow. Elle est si importante que nous ne pouvons mieux faire que de traduire quelques passages du récit de M. Glaisher :

« En sortant d'un brouillard, à 1 heure 17 minutes, nous arrivâmes dans un flot de vive lumière solaire, avec un beau ciel bleu sans aucun nuage au-dessus de nos têtes, et une magnifique mer de nuages au-dessous de notre nacelle. Nous apercevions un nombre infini de collines, de chaînes de montagnes et de glaciers. J'essayai de prendre une épreuve photographique, mais nous oscillions trop rapidement en montant avec une grande vitesse. Cependant le flot de lumière était si énergique que je n'aurais eu besoin que d'un moment d'exposition. Nous atteignîmes une hauteur de 2 milles à 1 heure 21 minutes. La température était tombée à la glace fondante, et le point de rosée à 26° Fahr. A 1 heure 28 minutes nous étions à une hauteur de 3 milles, avec la température 18° et le point de rosée à 13°. A 1 heure 39 minutes, nous atteignions 4 milles, avec 8° de température et — 15° de point de rosée. Dix minutes plus tard, nous étions à 5 milles, et la température était tombée au-dessous de 0° Fahr. Je vis même — 2°. A ce moment, je n'aperçus pas de rosée se déposer sur l'hygromètre de Regnault, qui était refroidi à — 30°. Mais le thermomètre à boule sèche et à boule humide me donna un point de rosée à — 36°. Jusqu'à ce moment j'avais pris mes observations sans difficultés, tandis que M. Coxwell, qui était obligé de se donner du mouvement pour la manœuvre, semblait essoufflé. A 1 heure 51 minutes, le baromètre marquait 11,05 pouces. On s'aperçut plus tard, par une comparaison avec le baromètre étalon de lord Wrotesley, qu'il fallait diminuer ce chiffre de un quart de pouce. J'ai lu ensuite sur le thermomètre à boule sèche — 5°, vers 1 heure 52 minutes ou un peu plus tard. Je ne pus apercevoir la colonne de mercure dans le thermomètre à boule humide, ni les aiguilles d'une montre, ni les divisions fixes d'aucun de mes instruments. Je demandai à M. Coxwell de m'aider à lire les instruments, comme j'éprouvais une certaine difficulté à le faire. Mais par suite du mouvement de rotation du ballon, qui n'avait point cessé depuis que nous avions quitté la terre, la corde de la soupape s'était tortillée. M. Coxwell dut donc sortir de la nacelle et monter sur le cercle pour l'arranger. A ce moment je regardai le baromètre. Je vis qu'il marquait 10 pouces, et qu'il descendait rapidement. Sa vraie hauteur, en tenant compte de la correction soustractive d'un quart de pouce, était de 29 pouces trois quarts, ce qui indiquait une hauteur de 29,000 pieds. Peu après, je plaçai sur la table mon bras, qui jouissait de toute sa vigueur un instant auparavant. Mais quand je voulus m'en servir, je m'aperçus qu'il n'était en état de me rendre aucun service. Il doit avoir perdu sa puissance instantanément. J'essayai de me servir de l'autre bras, et je vis qu'il était également paralysé. Alors je cherchai à remuer mon corps, et je réussis jusqu'à un certain point, mais il me sembla que je n'avais plus de membres. Je regardai alors le baromètre, et pendant que j'essayai de le lire, ma tête tomba sur mon épaule gauche. Je remuai et j'agitai de nouveau mon corps, mais je ne pus parvenir à remuer mes bras. Je relevai la tête, mais ce fut seulement pour un instant : elle retomba de nouveau. Mon dos était appuyé sur le bordage de la nacelle et ma tête sur un des angles. Dans cette position, j'avais les yeux fixés sur M. Coxwell, qui se trouvait dans le cercle. Quand je parvins à me soulever sur mon siége, je semblais être encore tout à fait maître de mes muscles du dos, et posséder encore un grand pouvoir sur ceux du cou, quoique j'eusse perdu le contrôle de ceux de mes bras et de mes jambes; mais la paralysie avait fait de nouveaux progrès, car je n'avais plus aucune puissance. Comme dans le cas des bras, je perdis instantanément tout pouvoir sur les muscles de mon cou et de mon dos. Je voyais vaguement M. Coxwell dans le cercle, et j'essayais de lui parler, mais je ne pus. En un instant des ténèbres épaisses m'envahirent; le nerf optique avait subitement perdu sa puissance. J'avais toute ma connaissance, un cerveau aussi actif qu'en écrivant ces lignes. Je pensai que j'étais asphyxié et que je ne ferais plus d'expériences, car la mort viendrait à moins que nous ne descendions rapidement. D'autres pensées se précipitaient dans mon esprit, quand je perdis subitement toute connaissance, comme lorsque l'on s'endort. Je ne peux parler du sens de l'ouïe. Le silence qui règne dans les régions situées à six milles du sol (nous étions alors entre 6 et 7 milles) est si profond qu'aucun son ne peut atteindre l'oreille.

« Ma dernière observation eut lieu à 1 heure 54 minutes, à 29,000 pieds. Je suppose que 1 ou 2 minutes s'écoulèrent avant que mes yeux cessassent de voir les petites divisions, et que 1 ou 2 minutes s'écoulèrent encore avant mon évanouissement. Je pense donc qu'il eut lieu à 1 heure 57 minutes. Pendant que je ne pouvais plus bouger, j'entendis les mots *température* et *observation*. Je sentis que M. Coxwell me parlait et qu'il essayait de me réveiller : l'ouïe et la conscience m'étaient donc revenues. Je l'entendis alors parler plus fort, mais je ne pouvais le voir, parler ou me mouvoir. Je l'entendis me dire : « Essayez, maintenant, essayez. » Alors je vis vaguement les instruments. J'aperçus de nouveau M. Coxwell, et bientôt après les objets environnants. Je me levai et je regardai autour de moi dans l'état où je serais en sortant d'un sommeil qui ne m'aurait point rafraîchi. Je dis à M. Coxwell : « Je me suis évanoui, » et il dit : « Certainement, et il s'en est peu fallu que je ne m'évanouisse aussi. » Je ramenai alors mes jambes, qui étaient étendues droites, et je repris un crayon pour continuer les observations. M. Coxwell me dit qu'il avait perdu l'usage de ses mains, qui étaient devenues noires, et sur lesquelles je versai de l'eau-de-vie...

« M. Coxwell me dit que pendant qu'il était dans le cercle, il sentit qu'il faisait un froid extrême, que des glaçons étaient supendus tout autour de l'orifice du ballon. En essayant de descendre du cercle, il trouva que ses mains avaient été gelées, qu il avait été obligé de s'aider de ses bras. Il pensa en me voyant sur le dos que je me reposais, et il me parla sans obtenir de réponse. Ma contenance était sereine et tranquille, sans cette anxiété qu'il avait remarquée avant de monter dans le cercle.

« Voyant que mes bras et ma tête pendaient, M. Coxwell comprit que j'étais évanoui. Il chercha à m'approcher, mais ne put y parvenir, sentant que l'insensibilité le gagnait lui-même. Alors il voulut ouvrir la soupape. Mais comme il avait perdu l'usage de ses mains, il ne put y réussir. Il n'y serait point parvenu s'il n'avait eu l'idée de saisir la corde avec les dents, et de lui imprimer deux ou trois secousses avec la tête jusqu'à ce que le ballon se mît à descendre..... »

M. Glaisher n'éprouva aucun inconvénient à la suite de cet évanouissement. Le ballon étant tombé dans un pays isolé, il put faire à pied 7 à 8 milles avant de trouver un moyen de transport. Cette mémorable ascension se termina à Coldweston, à 7 milles de Leidlow, chez M. Kersall.

Les dernières observations furent faites à une hauteur de 29,000 pieds, et le ballon montait avec une vitesse de 1,000 pieds par minute. Quand M. Glaisher reprit ses observations, il descendait avec une vitesse de 2,000 pieds. 13 minutes se sont écoulées entre ces deux observations. Soit x le temps de la montée, y le temps de la descente. On a donc les équations :

$$2y = x; \quad x + y = 13; \quad \text{d'où } x = \frac{26}{3} \text{ de minute.}$$

La hauteur *maxima* doit donc avoir été de 36 à 37,000 pieds. Un thermomètre minimum très-sensible a donné — 12° Fahr. En nombre rond, la hauteur est de 7 milles anglais; c'est la plus grande à laquelle jamais ballon ait pu parvenir; mais n'oublions pas qu'il ne saurait y avoir de colonnes d'Hercule en l'air.

Quatrième ascension du Palais-de-Cristal, 8 Septembre, à 4 heures 47 minutes du soir.

Par un ciel nuageux, le ballon traversa la Tamise près de Gravesend, en 121 secondes. Le ballon s'arrêta après plusieurs oscillations inutiles à décrire près du fort Tilbury, à 6 heures 10 minutes du soir. M. Glaisher fait remarquer qu'il aurait pu, avec un télescope, lever le plan du fort, et compter exactement le nombre des canons dont il était armé. M. Nash, sous-directeur de l'Observatoire météorologique de Greenwich, qui prit part à cette ascension, partage l'avis de son supérieur.

Dans sa session de 1863, l'*Association britannique* discuta le résultat des premières ascensions de M. Glaisher. Un compte-rendu détaillé se trouve dans ses *Transactions*. On s'occupa de construire un électromètre recueillant l'électricité à l'aide de la chute d'un courant d'eau. Mais on y renonça pour ne point troubler les observations hygrométriques qui auraient été évidemment sacrifiées, car, dans ses oscillations descendantes le ballon peut retrouver l'eau qui a été jetée d'une station supérieure. Le docteur Lloyd proposa de remplacer l'aiguille de boussole par une aiguille d'inclinaison qu'un aimant additionnel maintient horizontale lorsque la nacelle est à terre. Mais cette proposition n'eut pas de suite. Le comité interdit à M. Glaisher de dépasser une hauteur de 4 à 5 milles avec un ballon fatigué par des ascensions nombreuses. Le but de cette nouvelle série d'ascensions fut de *déterminer si les lois de décroissance de température et d'humidité de l'air varient avec les saisons.*

Cinquième ascension du Palais-de-Cristal, 31 Mars 1863.

A 4 heures 16 minutes du soir, avec un vent soufflant de l'est, circonstance assez rare dans les environs de Londres, où la composante générale des vents tourne à l'ouest par suite de la prédominance ordinaire du courant équatorial, 1 heure 12 minutes après le départ, les voyageurs se trouvaient à 24,000 pieds. Un seul coup de soupape leur fit prendre un mouvement très-rapide de descente, environ 500 mètres par minute. Ils triomphèrent de cette impulsion en sacrifiant une grande quantité de lest, et se maintinrent pendant près d'une demi-heure entre 15 et 16,000 pieds. A la plus grande hauteur parcourue, le ciel était d'un bleu de Prusse magnifique. On apercevait les rues de Londres se détachant comme sur un plan géométrique, et en même temps les côtes de la mer entre Deal et Dover. L'air était agité de courants variables en sens inverse, comme il arrive presque toutes les fois que le courant inférieur est opposé à la direction générale des vents. Il y avait des bancs d'air chaud. découverte inattendue, car à cette époque les physiciens croyaient à la réalité et à la généralité de la loi de la décroissance de la chaleur et de l'humidité de l'air. Il y en a peut-être encore qui n'ont point entendu parler des ascensions de Glaisher, ni des observations faites en montagne pendant l'hiver, et qui tiennent encore à ce vieil article de foi scientifique. En pénétrant dans l'intérieur de ces masses d'air, dépendant sans doute du courant équatorial, on voyait le thermomètre s'élever brusquement. L'ascension se termina à 6 heures 30 minutes à Barking-Side, dans le comté d'Essex.

Sixième ascension du Palais-de-Cristal, 18 Avril 1863.

Le ballon avait été rempli la veille à moitié. Un coup de vent brisa la corde, et l'ascension commença pendant que MM. Coxwell et Glaisher étaient à délibérer s'ils devaient partir ou remettre l'expérience au lendemain. Dans les chocs qui accompagnèrent ce départ involontaire, les hygromètres de Daniel et de Regnault furent brisés. 1 heure

17 minutes après, les aéronautes se trouvaient à 24,000 pieds. Craignant d'être lancés par le vent sur la Manche ou la mer du Nord, ils descendirent avec une grande rapidité. Ouvrant la soupape de toutes leurs forces, ils donnèrent à leur ballon une vitesse de 400 mètres par minute. A 2 heures 44 minutes, ils étaient à 10,000 pieds. A 2 heures 48 minutes, ils touchaient terre, avec un choc qui brisait tous les instruments, parmi lesquels un thermomètre très-délicat prêté par M. d'Abbadie. Mais la force de projection était si grande que l'ancre mordit sur-le-champ, et que, malgré le vent qui soufflait avec violence, il n'y eut pas de traînage. On peut donc descendre dans un cas pressé avec une vitesse de 5 à 600 mètres par minute, si l'on a de bons *guide-rope*. Voilà ce qui paraît établi par cette expérience; mais, dans ce cas, il faut prendre garde de ne point emporter des instruments de prix, et faire attention à ses jambes.

Ascension aux ateliers du chemin de fer du Nord-Ouest.

Cette ascension eut une certaine solennité. Elle fut exécutée en présence des membres du conseil d'administration et des membres de l'Association britannique. Mais on dirait que le ciel se prête rarement aux combinaisons de ceux qui veulent faire de l'aéronautique un spectacle. Quand on commença à gonfler la veille du départ, le temps était magnifique et promettait un succès complet. Le lendemain, on donna au ballon son supplément de gaz, et tous les préparatifs furent faits pour exécuter l'ascension peu de temps après l'arrivée du train-express de Londres. Mais au moment où les invités allaient arriver, le ciel se couvrit d'épais nuages. Un vent violent s'éleva, et troubla toutes les dernières opérations. Le ballon est ordinairement lâché à l'aide d'un ressort qui ne put jouer. On fut obligé de faire tenir à des hommes d'équipe les cordes d'équateur, et de les faire lâcher au signal. Les aéronautes durent sacrifier une partie de leur lest pour ne point être précipités par le vent sur un édifice voisin. En 4 minutes, ils se trouvèrent à 4,000 pieds de hauteur, dans des nuages où ils éprouvèrent un froid particulièrement intense, surtout M. Coxwell, qui avait oublié son manteau à terre. Les premiers nuages étaient surmontés d'une couche noire et sombre, de sorte que tout était lugubre dans le paysage que les aéronautes avaient autour d'eux. A 5,000 pieds, ils entendirent un violent mugissement dû au choc de courants d'air qui s'agitaient au-dessous de leur nacelle. Il leur fallut s'élever jusqu'à 20,000 pieds pour apercevoir le soleil, et encore d'une façon imparfaite, car d'épais nuages de pluie flottaient encore à 2 ou 3,000 pieds au-dessus de leur tête. Ils s'élancent pour étudier leur nature, et s'assurent que ce sont des brouillards ordinaires. M. Glaisher veut déterminer à tout prix leur épaisseur; mais M. Coxwell s'y oppose en faisant remarquer qu'il n'a plus assez de lest pour organiser la descente. M. Glaisher se résigne après avoir jeté un dernier regard sur la voûte céleste, encore couverte de vapeurs désormais infranchissables. En descendant, les aéronautes rencontrent encore une fois des courants d'air chaud, avec lesquels ils ont déjà appris à se familiariser dans les ascensions précédentes. Plusieurs oscillations du ballon leur permettent de contrôler cette observation si importante. Un peu au-dessous, ils se trouvent dans un orage de neige très-finement cristallisée. Cette circonstance prouve que s'il y a des courants d'air chaud, il y a aussi des courants d'air froid, qui, même en été, soufflent à une température très-basse. La loi de décroissance des températures se trouve donc entièrement bouleversée par cette ascension faite au milieu d'un orage. C'est donc, comme on le voit, dans les convulsions de la nature que l'on peut espérer lui arracher ses secrets. A la fin de cette ascension, qui se termina sur les limites des comtés de Cambridge et de Norfolk, les aéronautes n'avaient plus de lest; le ballon tombait avec une vitesse accélérée. M. Coxwell la tempéra un peu en donnant, faible ressource, à la partie inférieure la forme d'un parachute. Quand on n'a plus de lest, l'ascension commence à devenir dangereuse, et le ballon n'est plus qu'un corps qui tombe. C'est par le poids que l'on sacrifie habilement que l'on arrive à dompter la pesanteur. Que de progrès à faire dans l'étude de la manière de jeter son lest, ce trésor de l'aéronaute !!

Septième ascension au Palais-de-Cristal, 11 Juillet 1863.

Cette ascension devait avoir lieu à une hauteur excessivement grande, ce qui ne peut être tenté sans imprudence, au Palais-de-Cristal, que si le vent souffle de l'Orient, à cause du voisinage des côtes. Les ballons d'essai que l'on avait lancés avant le départ avaient tous marché vers l'ouest en quittant la terre ; mais les vents superficiels qui marchent en sens inverse du grand courant sud-ouest, direction moyenne des vents, ne s'élèvent jamais bien haut. En regardant l'expérience avec plus de soin, on vit qu'à quelques centaines de pieds de la surface de la terre les ballons d'essai changeaient de direction et marchaient vers le nord. Bientôt après ils étaien repris par un vent opposé et redescendaient vers le sud. Au lieu de répéter la grande ascension en hauteur de Wolverhampton, les voyageurs se contentèrent de tenir l'air à des hauteurs très-variables, souvent très-faibles, pour étudier les effets du conflit des vents opposés qui agitent l'atmosphère. On constate facilement l'effet produit par un ballon sur les animaux, qui sont en proie à la plus vive frayeur. Les oiseaux des bois crient aussitôt qu'ils voient le ballon au-dessus de leurs arbres. Les moutons dans les champs se réunissent en tremblant les uns contre les autres. Seul, l'homme civilisé ose contempler un objet aussi étrange. Les paysans appellent les aéronautes, et leur demandent de prendre terre. C'est à une distance de 2 à 300 mètres que les paysages offrent un attrait merveilleux, car aucun des détails n'échappe au voyageur. Les aéronautes semblent immobiles pendant que la terre se dérobe sous leurs pieds avec une vitesse immense. On dirait qu'elle marche en sens inverse du déplacement de l'aérostat. Les chiens, plus hardis que les autres animaux, aboient après le ballon, ils semblent quelquefois enragés, tant leur fureur est grande.

Cette excursion se termina dans le parc Goodwood, appartenant au duc de Richmond. Dans des cas pareils, rien n'empêche les aéronautes de choisir leur point d'attérissage, soit dans un château qui promet une réception somptueuse, soit près d'une ligne de chemin de fer. Nous, nous préférons des chaumières !

Huitième ascension au Palais-de-Cristal, 21 Juillet 1863.

Cette ascension, contrairement à la précédente, eut lieu par un temps très-pluvieux, afin de constater que les gouttes d'eau augmentent de volume à mesure qu'elles s'approchent de la terre, toutes les fois qu'elles sont plus froides que l'air des couches inférieures à celle dans laquelle elles se sont formées. Il s'établit à leur surface une sorte de condensation souvent très-active. Le contraire arrive lorsque les gouttes d'eau traversent un milieu plus chaud; elles diminuent de volume, peuvent disparaître, si elles ne se changent pas en glace sous l'influence de la rapide vaporisation. Cet effet n'a point encore été constaté par une expérience directe, comme le premier, que M. Glaisher a définitivement établi.

Cette ascension semble avoir également confirmé une opinion émise par un physicien nommé Green. Ce savant pense que le sol n'est jamais couvert d'une couche continue de nuages, sans qu'il en existe une seconde à une hauteur plus grande. Les gouttes de pluie étaient si grosses qu'on les entendait tomber sur la forêt d'Epping, au-dessus de laquelle le ballon flottait à une hauteur de 500 pieds. Les gouttes étaient grosses comme des pièces d'un demi-centime.

L'analyse spectrale, dans les ascensions de cette campagne, ne produisit pas beaucoup de faits nouveaux. A 22,041 pieds, dans l'ascension du 18, on aperçut beaucoup de lignes entre les raies *A* et *a*, et entre les raies *A* et *B*. Dans l'ascension du 26 juin, on n'aperçut aucune différence entre le spectre de la terre et celui que l'on peut observer à 23,200 pieds. M. Glaisher a fait des observations très-intéressantes sur le gaz du ballon, qui se trouve tantôt opaque, tantôt transparent, suivant qu'il se refroidit ou qu'il se réchauffe; car, dans le premier cas, la vapeur d'eau qu'il contient se condense, et dans le second, elle repasse à l'état de vapeur insensible. La température du gaz n'est jamais la même que celle du milieu ambiant, à cause de la transparence de l'enveloppe et de sa forme sphérique; les rayons solaires agissent avec une énergie quelquefois très-grande. En général, la température est plus élevée. Dans ce cas, on voit le gaz sortir du ballon sous forme de vapeurs blanchâtres. Quand l'hydrogène carboné est transparent, il donne naissance à des illusions d'optique, si l'on regarde par l'appendice. Glaisher a vu que le ballon offrait l'aspect d'un dôme ayant des dimensions immenses. Généralement, quand on ouvre la soupape, on entend le choc des panneaux frappant contre l'orifice, bois contre bois, donnant naissance à un bruit sec. Cependant il y a des cas où Glaisher a entendu un son musical produit par l'écoulement régulier du gaz.

Pendant l'ascension du 31 mars, à 7,443 pieds, M. Coxwell fut pris de vomissements. Le ballon était en descente. Peut-être avait-il avalé par mégarde quelques bouffées de gaz d'éclairage. Ce gaz est, du reste, un anesthésique assez puissant pour remplacer le chloroforme. Cette propriété suffit pour expliquer la mort d'aéronautes, qu'on a trouvés sans vie dans leur nacelle, et sans blessure apparente.

Ascension de Newcastle, 31 Août 1863, à 6 h. 12 m. du soir avec un vent du Nord, à 7 h. 5 m.

Le ballon prit terre après une courte ascension à Pittington près de Durham. Le voisinage de la mer obligeait les aéronautes à agir avec prudence. Ils s'élevèrent à 1 mille trois quarts dans l'air, et firent des observations très-curieuses sur la couleur des nuages. Ces curieuses colorations dépendent de plusieurs éléments très-variables, leur épaisseur, leur nature, la situation du soleil et celle du ballon. La vapeur d'eau manifeste ainsi toutes les couleurs de l'arc-en-ciel, suivant des circonstances encore très-peu connues, presque mystérieuses aux yeux de certaines personnes peu habituées aux études aériennes. Mais avec la pratique des ascensions on voit qu'il suffit de la théorie des halos, et de celle des arcs-en-ciel pour en rendre compte.

Quatrième ascension de Wolverhampton, 29 Septembre 1863, à 7 h. 43 m. du matin.

Le ballon avait été rempli la veille. Le vent soufflait dans la direction du Wash, et lord Wrotesley, qui assistait à l'ascension, avertit avant le départ les aéronautes de se méfier de ce golfe. Il avait raison, car le ballon y serait tombé si les aéronautes, qui s'élevèrent à près de 5 milles, n'étaient redescendus avec une grande rapidité. A 3,000 pieds du sol, ils entendaient la tempête souffler dans les arbres avec une grande violence. C'est l'état de vétusté du ballon qui les sauva d'un traînage où ils auraient pu perdre la vie. Car l'ancre ayant résisté, le ballon se déchira providentiellement par-dessus leur tête.

Dans cette ascension, M. Glaisher fit des observations avec l'actinomètre et le thermomètre à boule noircie, à environ 5 milles de hauteur, pour étudier les effets de la radiation solaire.

Neuvième ascension au Palais-de-Cristal, 9 octobre 1863, à 4 h. 25 m.

Il est clair que l'on ne pouvait espérer recueillir beaucoup de renseignements nouveaux en partant à cette heure pour le plaisir du public. C'était une ascension sacrifiée ; mais les renseignements numériques furent réunis à ceux déjà obtenus, les mesures thermométriques et autres faites en l'air ne sont jamais perdues. En matière de physique aérostatique, on peut dire que tout fait ventre.

Première ascension à l'arsenal de Woolwich, 12 Janvier 1864.

Les ressources scientifiques de ce bel établissement furent mises à la disposition de M. Glaisher par le ministre de la guerre, comte Grey. Cette première ascension devait avoir lieu le 21 décembre, jour du solstice d'hiver, et le ballon fut souvent gonflé inutilement depuis ce jour. Le 31 décembre, il fut brisé contre un gazomètre, ce qui obligea à le réparer et à retarder l'ascension jusqu'au 12 janvier. Le ballon quitta terre à 2 heures 7 minutes du soir. En 3 minutes, il était à 1,500 pieds ; à 3 heures 30 minutes, à 12,000 pieds, et à 4 heures 10 minutes les aéronautes prenaient terre à Laukenheath-Warren, près de Brandon. La direction du vent changea un grand nombre de fois pendant cette rapide ascension. Le ballon traversa successivement des couches de nuages ordinaires, de neige cristallisée, et de neige granulaire.

Deuxième ascension de l'arsenal de Woolwich.

Elle devait avoir lieu le 21 mars, jour de l'équinoxe de printemps; mais l'état de l'atmosphère ne permit de la faire que le 6 avril, à 4 heures 7 minutes du soir. A 5 heures 25 minutes, l'ancre mordait dans Wilderners-Park, près de Seven-Oak, dans le comté de Kent. L'ascension eut lieu avec une vitesse assez uniforme de 1,000 pieds par 3 minutes, jusqu'à 11,000 pieds, hauteur qui fut atteinte à 4 heures 37 minutes. La descente eut lieu avec une vitesse pareille excepté dans le voisinage de la terre. On la ralentit quand on se trouva à 1,500 pieds du sol.

Le ballon ayant été fatigué par des ascensions répétées, on résolut d'en construire un plus grand et de l'*habituer* à conserver le gaz au moyen d'une série d'ascensions préliminaires. Car, malgré tous les soins que l'on peut prendre à le vernir, un ballon neuf est sujet à une perte très-grande. Le gaz dépose dans l'intérieur une sorte de couche conservatrice. Le ballon fut construit pour pouvoir enlever commodément un aéronaute et deux observateurs à cinq milles de hauteur.

Dans sa session de 1863, l'*Association britannique* discuta les premiers résultats obtenus par M. Glaisher, et résolut de continuer les expériences sans augmenter les instruments, excepté d'un actinomètre construit d'après les indications de sir W. Herschell. On commença à examiner pour la première fois les raies du spectre solaire avec un instrument analogue à celui dont s'était servi le professeur Smyth sur le pic de Ténériffe, et modifié par M. Simnes pour l'usage des ballons.

Dixième ascension au Cristal-Palace, 13 Juin 1864, à 7 heures du soir.

Elle se termina à 8 heures 14 minutes a East-Horndon, 8 milles de Brentwood. Le ballon s'éleva à 1,000 pieds en une minute un quart. Le point le plus élevé fut 3,350 pieds à 7 heures 28 minutes Coxwell qui essayait le ballon le fit monter et descendre un grand nombre de fois pour se rendre compte de la manière dont il obéissait au lest et à la soupape.

Ascension à Derby, le 20 Juin 1864, à 9 h. 17 m.

Elle se termina à 7 heures 16 minutes sur une ferme à Norwell-Woodhouse près de Newark. De 1,060 à 2,000 pieds l'ascension se fit en une demi-minute, ce qui donne une vitesse verticale de 10 mètres par seconde. On s'éleva jusqu'à 4,000 pieds. Les passagers étaient nombreux : outre M. Coxwell et son aide, M. Glaisher et son fils, il y avait quatre voyageurs. On observa le nombre des pulsations, qui se trouva en général augmenté, mais beaucoup plus chez les débutants que chez les aéronautes. L'émotion est un élément dont il faut tenir compte dans ces expériences; la forme des pulsations pourrait être mesurée directement avec le sphygmographe, au lieu de se borner à compter leur nombre.

Onzième ascension au Palais-de-Cristal, 27 Juin 1864, à 6 heures 33 minutes.

Le ciel était nuageux et le vent soufflait de l'ouest. La descente eut lieu à 9 heures 21 minutes, à Romney-Marsh, à environ 1 demi-mille de Cheyne-court, à 5 milles de la mer. Ces trois ascensions précipitées, avec le nouveau ballon, l'avaient bonifié et rendu capable d'opérations plus sérieuses que ces promenades préliminaires. Mais les paysans de Leicester le mirent en pièces, afin de s'en partager le taffetas. Le maire de cette ville, honteux d'un pareil événement, convoqua un meeting public en faveur des aéronautes. Il essaya de provoquer une souscription pour construire un nouveau ballon, mais cet effort fut infructueux. M. Coxwell fut obligé de réparer tant bien que mal le vieux ballon, presque hors de service. C'est avec cet appareil usé que M. Glaisher fut réduit à reprendre le vieux ballon. Les passagers, outre M. Glaisher et M. Coxwell, étaient au nombre de 6. On étudia encore les pulsations, le nombre des inspirations, qui est lié aux mouvements du cœur, mais peut être analysé à part.

Douzième ascension au Cristal-Palace, 29 Août 1864, 4 h. 6 m. du soir.

Le ballon s'éleva à 3,000 pieds en 4 minutes. L'ascension se termina à 6 heures 32 minutes, près de Ramham dans le comté d'Essex. Il y avait deux passagers à bord; on continua les expériences sur les pulsations et les inspirations.

Dans ces deux dernières ascensions, M. Glaisher étudia les vibrations d'une aiguille aimantée, afin de déterminer la décroissance du magnétisme terrestre, niée par Gay-Lussac et affirmée par Robertson.

M. Glaisher donne les résultats suivants :

27 juin : A une hauteur moyenne de 3,350 pieds, l'aiguille mettait 173 secondes à exécuter 100 vibrations, et à la surface de la terre il ne lui en fallait plus que 169.

Le 29 août, à une hauteur moyenne de 14,000 pieds, il fallait à l'aiguille 176 secondes pour exécuter 100 vibrations, et à Greenwich elle n'avait besoin que de 162 secondes.

Il semble impossible d'expliquer cet effet autrement que par la diminution du pouvoir directeur de la terre. Les expériences de 1864 semblent donc donner raison à Robertson. Pour compter le nombre des vibrations de l'aiguille aimantée, il faut tenir compte des oscillations du ballon; mais ces dernières étaient très-lentes; dans l'ascension du 29 août, le ballon avait besoin de 180 secondes pour faire un tour entier sur lui-même.

La vitesse du vent, pendant les ascensions de cette campagne, a été évaluée, à l'Observatoire royal de Greenwich, à l'aide d'un anémomètre de Robinson. Malgré les zig-zags faits par le ballon, la vitesse rectiligne des ascensions a toujours été trouvée supérieure à celle marquée par l'anémomètre; cette différence ne provient pas seulement de ce que les mécanismes de l'anémomètre, malgré la perfection de sa construction, absorbent de la force. Car la comparaison des vitesses moyennes des ascensions prouve qu'elle augmente à mesure que la hauteur moyenne est plus grande. On peut donc croire que la vitesse des vents est d'autant plus grande qu'ils règnent dans une région plus élevée. Est-ce à cause de la plus grande mobilité de l'air?

Les rapports de M. Glaisher furent discutés une nouvelle fois dans la session de 1865 de l'Association Britannique, et l'on fit plusieurs propositions pour procurer de la lumière aux passagers de l'aérostat. On songea au phosphore qui émet, comme on le sait, une faible lueur, et aux vers luisants. Ce dernier projet fut rejeté parce que l'on constata que ces animaux perdent leur pouvoir lumineux à une basse température. Le procédé auquel on s'arrêta fut l'usage de lampes de Davy, qui, lorsqu'elles sont bien construites, n'offrent aucun danger d'explosion et donnent une quantité suffisante de lumière. On ajouta aux instruments un spectroscope très-délicat, et un aimant monté avec beaucoup de soin, qui appartenait au capitaine Evans.

Jusqu'à ce jour, les ascensions de M. Glaisher avaient été faites pendant l'été; la nouvelle série eut lieu pendant l'hiver, époque de l'année où les lois de la température étaient inconnues. On mettait ainsi à exécution le plan primitif de répartir les ascensions pendant que le soleil occupe toutes les situations possibles dans le zodiaque. Ces trois ascensions eurent lieu, en outre, de meilleure heure possible; car presque toutes les expériences précédentes, 16 sur 22, avaient été exécutées le soir, pendant que le soleil est très-bas au-dessus de l'horizon. Comme le gouvernement fournissait le gaz, M. Glaisher n'avait point à s'occuper des convenances du public, point essentiel en aéronautique sérieuse. Mais faut-il être millionnaire pour courir les nuages?

Troisième ascension à l'arsenal de Woolwich, 18 Décembre 1864, à 2 h. 37 m. du soir.

La température de l'air, au moment du départ, était de 9° centigrades seulement; on la trouva à peu près uniforme pendant 600 pieds. Elle commença même par s'accroître très-légèrement. A partir de 600 pieds, on constata une décroissance, mais très-faible. Il fallut s'élever de 1,600 mètres pour arriver à la glace fondante. Cet effet peut tenir à ce que la chaleur rayonnée par le soleil se fait sentir dans les régions supérieures avant de pénétrer dans celles qui sont plus voisines du sol.

En sortant d'un nuage, à 4,000 pieds de la surface de la terre, on constata même un échauffement sensible de l'air. A 3,400 pieds, le soleil était radieux et le ciel d'un magnifique bleu d'azur. La rotation du ballon fut continuelle, et empêcha de prendre les nombres d'oscillations de l'aiguille aimantée. Mais ces vitesses sont rarement aussi grandes qu'on le suppose; le ballon avait encore besoin de 120 secondes pour faire un tour sur lui-même.

Quatrième ascension de l'arsenal de Woolwich, 27 Février 1865.

Les expériences des oscillations de l'aiguille aimantée réussirent très-complétement; on constata que les oscillations, qui s'exécutaient en 2 secondes à la surface de la terre, mettaient 2" 27 à s'effectuer à une hauteur de 1,600 mètres. Le temps augmentait dans le rapport de 9 à 8.

Ces trois ascensions mirent en évidence ce fait intéressant que, pendant l'hiver surtout, le courant du sud-ouest semble dominer dans les régions supérieures. En effet, le 27 décembre avec un vent du sud, le 27 février avec un vent nord, il retrouva deux fois le vent sud-ouest à 3 ou 4,000 pieds de hauteur. Il est vrai, dans l'ascension du 1 r décembre, le vent supérieur avait une direction un peu différente, W.-N.-W., mais ces résultats furent confirmés par des observations directes faites à l'Observatoire de Greenwich, sur la direction, pendant l'hiver, de tous les nuages visibles de l'étage supérieur. L'existence de ce courant sud-ouest est intimement liée avec l'afflux de l'air chaud d'un courant tropical, qui vient diminuer la rigueur de la température des mois d'hiver.

Dans ces trois ascensions, M. Glaisher se livra à des expériences sur l'analyse spectrale, qu'il avait exécutées préalablement à terre des centaines de fois, précaution essentielle pour distinguer des raies nouvelles. Il déclara avoir toujours aperçu un spectre très-beau, très-riche en lignes noires, beaucoup plus nombreuses et beaucoup plus noires qu'à la surface de la terre. Ordinairement le spectre s'étendait de la lettre A bien au-delà de la lettre H, et la dernière ligne était composée de petites lignes fixes très-visibles. Quand on observe le spectre dans les régions supérieures, dit M. Glaisher, on peut se contenter d'une fente plus étroite, et par conséquent on peut résoudre des lignes que l'on ne peut voir à la surface de la terre.

L'observation des températures donna lieu à des difficultés que M. Glaisher n'a point expliquées et qui tiennent sans doute au mouvement du ballon suivant la verticale, qui refroidit plus rapidement le thermomètre à boule noircie exposé aux rayons du soleil que le thermomètre à boule ordinaire, soustrait par un écran à leur influence. Il s'aperçut avec surprise que ces deux instruments donnaient des indications pareilles; même lorsque le soleil semblait le plus brillant, la différence ne dépassa pas 2o centigrades. Quelquefois le thermomètre à boule noircie donna une température plus basse. La marche d'un thermomètre à boule noircie doit être soigneusement comparée avec celle d'un thermomètre diaphane, pour expliquer complétement ces différences.

M. Glaisher exécuta trois dernières ascensions qui furent discutées devant l'Association Britannique, dans sa session de 1866. Elles eurent lieu toutes trois la nuit. Elles montrèrent que l'interruption de la loi de décroissance des températures, au lieu d'être occasionnelle comme pendant le jour, est un cas trop fréquent, peut-être anormal après le coucher du soleil.

Cinquième ascension à l'arsenal de Woolwich, 2 Octobre 1865, à 6 heures 20 minutes.

Trois quarts d'heures après le coucher du soleil, la lune était brillante, et le ciel sans nuages. En quittant l'arsenal de Woolwich, la température était de 56° Fahr.; à 1,200 pieds, elle s'était élevée à 58° 8. En descendant à 900 pieds, on vit qu'elle n'était plus que de 57° 8. En remontant à 1,900 pieds, on trouva qu'elle était de 59° 6. En descendant de nouveau à 600 pieds, le thermomètre retomba à 57°. L'expérience réussit chaque fois qu'on l'exécuta.

L'état d'humidité de l'air, qui avait crû à Greenwich pendant la durée de l'ascension, et qui avait passé de 84 à 97°, avait décrû dans les couches de la haute atmosphère, et était passé de 95 à 85°. Au commencement de l'ascension, un pied cube d'air, à 1,000 mètres de hauteur, contenait 5 grammes 25 cent. d'eau. Il n'en contenait plus que 4 gr. 25 cent ! ! Ne faut-il point attribuer cet effet à la chaleur rayonnée par la lune qui, trop faible pour échauffer sensiblement la surface de la terre, produit un effet notable dans les régions supérieures ? Pour s'en assurer, il faut exécuter des ascensions nocturnes pendant la nouvelle lune, et voir si l'on retrouvera les phénomènes qui semblent si nettement accusés par l'ascension de l'arsenal de Woolwich.

L'influence du rayonnement nocturne fut très-faible, aussi bien que celle de la radiation solaire l'est pendant le jour à ces altitudes. Deux thermomètres *a minima* enregistreurs, l'un exposé à la radiation solaire, l'autre abrité, donnèrent des résultats identiques. Étaient-ils assez sensibles? Je me méfie des instruments enregistreurs. Les observations ozonométriques, faites à l'Observatoire royal, ne donnèrent aucune trace d'ozone. Mais dans le ballon la coloration ozonométrique alla jusqu'à 4. L'illumination de Londres présenta à M. Glaisher des effets multiples qu'il serait trop long de discuter. L'ascension se termina à 45 milles de Woolwich, à 8 heures 20 minutes, sur la ferme de M. Reeves. L'aéronaute, M. Orton, ayant craint de tomber dans la mer, la descente fut très-rapide, et presque tous les instruments furent brisés. La lampe fut perdue. Mais M. Glaisher ayant annoncé qu'il donnerait une récompense à celui qui la rapporterait, des paysans la lui remirent quelques jours plus tard.

Sixième ascension à l'arsenal de Woolwich, 2 Décembre 1865.

Le temps, pendant le mois de novembre, fut si orageux, que M. Glaisher ne put se hasarder à se lancer de nouveau dans l'air. Ces ascensions nocturnes pendant les tempêtes ne peuvent être tentées que d'une station centrale d'Europe, Strasbourg, Bade, etc., etc. Les voyageurs partirent 2 heures et demie après le coucher du soleil, par un temps assez menaçant. La lune, qui avait brillé jusqu'alors, était obscurcie par des nuages. M. Glaisher ne retrouva point la même inversion de température que précédemment, au contraire, la température éprouva une décroissance assez notable de 11° Fahr., pour une hauteur de 1,600 mètres. Un soubresaut du ballon ayant fait tomber la lampe, les aéronautes se trouvèrent sans lumière, et prirent alors le parti de redescendre.

Il faut ajouter que les aéronautes ne parvinrent point à s'élever au-dessus des nuages, et à retrouver le ciel serein, dans lequel auraient eu lieu probablement les phénomènes de l'ascension précédente. Ils se servaient de la boussole pour apprécier la direction de leur course. Leur sillage invisible dans l'air était déterminé par l'observation des objets terrestres que l'on pouvait apercevoir à travers les interstices des nuages. L'angle formé avec la boussole leur indiquait leur route.

Les ascensions furent interrompues à la suite d'une grave maladie de M. Glaisher. Elles furent reprises en mai 1866.

Ascension à Windsor, 25 Mai 1866, à 6 h. 14 m.

Elle se termina à 9 heures et demie, à 5 milles au sud de Pulborough, sur les bords de la mer. Le ballon appartenait à un amateur,

M. Westcar, officier dans les gardes à cheval de la reine, alors en garnison à Windsor. Cette ascension semble établir le fait important que la température ne décroît point lors du coucher du soleil. Nous croyons que la conclusion ne peut être définitive. Il semble au moins que la décroissance doit être moins rapide. Les ascensions en ballon captif que M. Glaisher va entreprendre à Londres jusqu'à 600 mètres donneront, sur ce point important, des renseignements inappréciables. Les aéronautes, descendant une heure et demie après le coucher du soleil, ne trouvèrent personne dans les champs. Ils se préparaient à passer la nuit dans leur nacelle, qu'ils avaient retournée, lorsqu'ils furent rencontrés par un berger qui les conduisit à sa chaumière.

M. Glaisher a tiré de ses 29 ascensions des conclusions générales sur la décroissance de la température avec la hauteur, depuis zéro jusqu'à 5,000 pieds. Il a exclu tous les cas d'inversion (précaution qui n'a point été prise par ses imitateurs), et distingué soigneusement le ciel couvert du ciel clair. Voici les nombres auxquels il est arrivé, résumés très-imparfaitement dans le tableau; suivant nous ne pourrions le donner complet sans entrer dans des développements hors de proportion avec l'importance de cet opuscule. Nous renvoyons les physiciens à la lecture des mémoires originaux de l'auteur.

Hauteur à laquelle il faut s'élever pour obtenir une décroissance de 1 Fahrenheit. Cette hauteur est exprimée en pieds anglais.

A la surface de la terre, il faut s'élever de 167 pieds, tant avec un ciel clair qu'avec un ciel couvert. Avec un ciel clair, il faut s'élever de 200 à 250 pieds, jusqu'à l'altitude de 1,500 pieds. Avec un ciel couvert, il faut s'élever de 200 pieds jusqu'à l'altitude de 500 pieds, et de 250 pieds jusqu'à l'altitude de 2,900 pieds. La décroissance est donc moins rapide dans ce cas et plus régulière. A partir de 2,900 jusqu'à 5,000 pieds pour le ciel couvert, et de 1,500 jusqu'à 5,000 pieds pour le ciel clair, la loi est la même. Il faut s'élever de 333 pieds pour obtenir une diminution de 1° Fahr. Au-dessus de cette altitude les observations ne sont plus assez nombreuses.

Lois de la distribution de l'humidité dans l'air.

Il est facile de voir que l'humidité ne diminue pas constamment avec l'altitude à partir de la surface de la terre, mais à partir d'une couche dont l'altitude varie. Rien ne prouve que la décroissance serait elle-même continue, si on parvenait à s'élever plus haut. M. Glaisher n'a jamais pu parvenir à se débarrasser complètement de la vapeur d'eau.

Avec un ciel couvert, l'humidité moyenne a été trouvée de 74° à la surface du sol ; à 1,000 pieds, elle était de 76° ; à 2,000 pieds, de 76° ; à 3,000 pieds, de 78°. A partir de ce point, elle a commencé à décroître. A 4,000 pieds, elle était de 75° ; à 5,000 pieds, de 74° ; à 6,000 pieds, de 73° ; à 7,000 pieds, de 62° ; à 8,000 pieds, de 54° ; à 9,000 pieds, de 50° ; à 10,000 pieds, de 48° ; à 11,000 pieds, de 47°. A cette altitude, elle a cessé de décroître pour croître de nouveau. On peut dire que le premier maximum donne la hauteur moyenne d'une première couche de nuages, et le second maximum la hauteur moyenne d'une seconde couche plus élevée. Voici du reste la loi, mais le nombre des expériences va en diminuant à mesure que l'on s'élève, de sorte que l'incertitnde augmente : 12,000 pieds, 52° ; 13,000 pieds, 58° ; 14,000 pieds, 52° ; 15,000 pieds, 59° ; 16,000 pieds, 59° ; 17,000 pieds, 47° ; 18,000 pieds, 33°, etc., etc.

Avec un ciel clair, on trouve des inflexions analogues. L'humidité moyenne à la surfaec du sol a été naturellement moindre et de 59°. Le maximum est de 3 à 4,000 pieds, et est de 71°. A partir de ce point, il y a décroissance régulière jusqu'à 12,000 pieds, où l'état hygrométrique tombe à 35°. Alors il se relève jusqu'à 15,000 pieds, où il arrive à 44°. A cette altitude semble avoir lieu un second maximum correspondant au second maximum du ciel couvert, quoique un peu plus élevé en altitude, et un peu moins nettement accusé. Au-dessus de cette altitude, les expériences sont trop rares pour que l'on en puisse tirer des conclusions sérieuses.

Comme on doit le comprendre, les travaux de M. Glaisher ont ouvert des pistes, mais n'ont résolu complétement aucune des innombrables questions que soulève la physique aérienne.

Un voyage au-dessus de la mer d'Irlande.

Le premier aéronaute qui traversa la mer d'Irlande fut le célèbre Sadler. Venant de Dublin, il aborda à Holyhead, après avoir fait un voyage de 36 à 40 lieues au-dessus de l'Océan. Ce haut fait aérostatique a été répété dans le courant de l'hiver de 1867 par M. Hodsman, dans des circonstances dignes d'être rapportées.

Cet aéronaute faisait une ascension au Crystal-Palace de Dublin, quand il se sentit saisi par un vent trop violent pour essayer de descendre. Il fut donc poussé malgré lui sur la mer, naviguant de pleine nuit entre l'Irlande et l'Angleterre. Les ténèbres qui l'enveloppent sont affreusement épaisses. Une pluie froide tombe avec fracas. Elle semble répondre en fausset au sourd mugissement des vagues.

Cependant M. Hodsman ne veut point se lancer dans la haute atmosphère; la crainte de l'isolement absolu le retient près de cette mer en fureur, le voisinage des vagues qui peuvent l'engloutir le rassure.

En ce moment, une idée féconde illumine son intelligence. Il imagine de laisser pendre son grappin à l'extrémité d'une corde de 40 mètres de longueur. Alors il s'assied au fond de la nacelle, tenant un sac de lest entre ses genoux. Une main placée sur la corde, dont il étudie les pulsations, il a l'autre plongée dans son sac de sable. Chaque fois que le grappin touche la surface des vagues, il est averti par une secousse. Avec une rapidité fébrile, il jette une poignée de lest dans l'espace, et cette poignée de lest lui suffit pour l'écarter de l'Océan en fureur. Que le ballon, alourdi par la pluie, par la perte de gaz, descende de nouveau, M. Hodsman l'allége encore !

Pendant plus de deux heures, l'intrépide aéronaute se maintient à faible distance des vagues, et cependant il ne dépense qu'une centaine de kilogrammes de sable, tant les mouvements dus à une différence de poids sont rapides et faciles dans l'atmosphère. Est-ce que cette magnifique navigation aérienne, accomplie au milieu des ténèbres, ne prouve point avec quelle facilité la pesanteur peut être domptée par l'homme toutes les fois qu'il emploie la pesanteur. Cette manœuvre ne porte aucun préjudice à la rapidité du voyage, qui est aussi grande que si l'aéronaute s'abandonnait au courant aérien qui l'entraîne. En effet, le compte des kilomètres parcourus par M. Hodsman prouve que son aérostat suivait le vent avec une vitesse de 100 kilomètres à l'heure.

L'accident ou plutôt l'incident qui termina cette ascension magnifique complète, pour ainsi dire, l'enseignement que l'on peut tirer des circonstances précédentes. Trempé jusqu'aux os, épuisé de fatigue, assourdi par le bruit du vent, le sifflement de la pluie, la clameur des vagues, M. Hodsman perd connaissance. Vers dix heures du soir, cessant d'être guidé par une main intelligente, l'aérostat descend rapidement vers la surface de la mer. Encore quelques minutes, il va arriver au contact des flots, qui rempliront la nacelle et engloutiront le voyageur. Heureusement, M. Hodsman se réveille; il saisit son sac de lest, dans lequel il reste encore quatorze kilos de sable, il le jette d'un mouvement convulsif par dessus le bord!

Aussitôt le ballon fait un bond, bond immense, gigantesque, instantané : il s'élève en quelques secondes à une hauteur de deux kilomètres. M. Hodsman plane maintenant au-dessus des nuages. Là-haut, étrange contraste! tout est calme comme dans un tombeau. La lune, qui était alors dans son plein, brillait de sa douce et froide lumière. Sur la face supérieure des montagnes flottantes se voyait un second ballon, image du premier. On aurait dit une course échevelée d'aéronautes...

Aucun signe ne permettant à M. Hodsman de savoir s'il se trouvait au-dessus de l'Océan ou de l'Angleterre, au milieu de ces solitudes éternelles, après quelques minutes d'hésitation, il se hasarde à descendre, et il aperçoit de petits carrés noirs entourés d'une bordure plus noire encore : ce sont des champs cultivés. Dans le lointain se trouve une ville. M. Hodsman est sauvé!! Des sons musicaux viennent retentir à ses oreilles, et lui annoncer l'approche d'êtres humains. Quelques instants plus tard il était à terre, reçu en triomphateur.

La traversée de la mer d'Irlande ne paraît point avoir porté bonheur à ceux qui l'ont exécutée. Sadler périt quelques années après de la façon la plus déplorable, à Bolton, le 29 septembre 1824. Privé de lest par suite de son long séjour dans l'atmosphère, il fut forcé de descendre sur des bâtiments très-élevés. La violence du vent le fit heurter contre une cheminée, et il fut précipité hors de la nacelle.

Quelques temps après sa brillante ascension de la mer d'Irlande, Hodsman exécuta une ascension à Cork, et se sentit entraîné vers l'Atlantique. Ne voulant point recommencer la même expérience sur l'Océan que sur le canal Saint-Georges, M. Hodsman sentit la nécessité de s'accrocher à terre et de descendre coûte que coûte. Malheureusement sa nacelle n'était point assez solide. Le grappin venant à s'engager sous une pierre, la pièce de bois à laquelle il était attaché se rompit subitement. Le contre-coup aurait produit les effets les plus funestes, si M. Hodsman n'avait eu la présence d'esprit de se cramponner à la corde de la soupape.

Malgré les torrents de gaz qui sortaient par cette ouverture, le vent était si violent que M. Hodsman, nouveau Mazeppa, fut traîné pendant une assez longue distance à travers les champs. Enfin il put se jeter à terre sans d'autres inconvénients que quelques contusions. Aussitôt que le ballon se trouva déchargé du poids de M. Hodsman, il remonta dans les airs, et on le vit s'enfuir avec rapidité vers l'Océan. Où est-il allé tomber? Nul ne le sait encore, nul ne le saura peut-être jamais. En tout cas, ce ballon est perdu pour son propriétaire.

C'eût été l'occasion d'ouvrir une souscription en faveur d'un naufragé qui possédait tant de titres à la sympathie des amis de l'aéronautique; mais il n'en a été rien, et notre voix arrivant d'un pays étranger a été sans écho en Angleterre.

Première ascension de l'Entreprenant.

Nous ne savons encore ce qu'il y a de vrai dans ce que l'on nous a dit du succès des expériences de photographie aérienne qui auraient lieu au camp de Châlons. Cependant nous croyons devoir reproduire un article que nous avons publié dans la *Liberté* du 28 février 1868, à propos d'une ascension que nous avons exécutée le 25 février avec M. Jules Godart. Cette reproduction complétera ce que nous avons dit dans le corps de notre opuscule sur les circonstances auxquelles nous faisons allusion. L'idée première de la photographie céleste appartient à Nadar qui a exécuté il y a plusieurs années des expériences dans des ascensions captives. Cette année il a obtenu des épreuves très-remarquables à bord du *Captif*, lorsqu'il se trouvait à l'Hippodrome, sous la direction de Camille d'Artois, l'ancien capitaine du *Géant*. De son côté, Glaisher avait essayé (Voir le récit de ses ascensions) des photographies de nuages, il n'avait pas réussi à cause de la rotation du ballon sur lui-même, mais sa nacelle ne portait point de panneau au centre. C'est dans l'usage d'un *trou central* que réside l'innovation dont nous croyons être l'inventeur.

Le vent qui soufflait avec assez de violence pendant la journée de l'éclipse a paru trop fort aux aéronautes de profession pour qu'ils voulussent procéder au gonflement du ballon. J'ai donc été obligé, à mon grand regret, de renoncer pour cette fois à une expérience intéressante. Mais les conjonctions écliptiques et autres se reproduisent assez fréquemment pour qu'il y ait lieu d'étudier d'ores et déjà, pendant des ascensions faites à loisir, les conditions que devront remplir les astronomes pour observer les phénomènes célestes au-dessus des nuages. Je procédai donc à une ascension d'étude destinée à me rendre compte de ce qu'il faudra faire au mois de novembre prochain, si l'on veut être sûr de ne point manquer le passage de Mercure.

Cette ascension eut lieu mardi, à midi dix minutes, dans l'usine à gaz de la Villette, en présence d'une foule de 4 à 5,000 personnes, qui avait contemplé avec une curiosité très-sympathique pour l'expérience et pour l'expérimentateur tous les préparatifs de départ. Grâce à l'obligeance des fonctionnaires de la Compagnie parisienne, cette multitude a pu voir gratis ce que c'est que le départ d'un ballon, beaucoup mieux que ne le voyaient les spectateurs à 20 fr. des ascensions payantes.

L'ascension de mardi s'est terminée, vers une heure, dans les bois de Ferrières, appartenant à Mme la duchesse de la Rochefoucauld, à une quarantaine de kilomètres du point de départ, à une heure de la station de Gretz, sur la ligne de Coulommiers. Nous nous sommes élevés à mille mètres à peine, mais l'ascension a été beaucoup plus mouvementée que d'ordinaire. Des circonstances fortuites, indépendantes de ma volonté, m'ont permis de faire des observations intéressantes pour le grand but que je me propose d'atteindre. Nous ne nous sommes pas élevés à plus d'un millier de mètres, comme je viens de le dire, et cependant nous sommes restés une bonne demi-heure dans les nuages. Le ballon reçut alternativement un grand nombre d'impulsions de bas en haut et de haut en bas, tantôt par l'ouverture de la soupape, tantôt par la projection de lest, tantôt même par l'action des rayons solaires, qui nous dilataient quand nous approchions de la limite supérieure de la couche de vapeurs.

Dans ces oscillations constantes, qui faisaient varier brusquement le baromètre Richard de un ou deux millimètres, le sens du mouvement du ballon changeait incessamment. Nous passions par un grand nombre de points dans lesquels la rotation se trouvait en quelque sorte tout à fait éteinte. De temps en temps j'apercevais le disque du soleil à travers un rideau de nuages d'une opacité suffisante pour que son éclat ne blessât pas ma vue. J'ai pu compter quelquefois jusqu'à trois secondes entières sans qu'il parût bouger. Des photographies eussent donc parfaitement réussi en tourmentant exprès le ballon, comme l'aréonaute le faisait malgré moi pour abréger l'excursion, qu'il tenait à ne point faire longue.

Avec de l'habitude on pourrait même régler la quantité de nuages qui séparent de la pleine clarté, de manière à s'en servir comme d'un écran pour augmenter la netteté des épreuves.

Au bout d'une demi-heure nous sortîmes des nuages, que nous laissâmes au-dessus de nos têtes; le ballon descendait en tourbillonnant avec une vitesse très-grande. Je ne pense pas cependant qu'il ait jamais fait plus de deux tours dans le même sens, parce que de temps en temps l'aéronaute sentait le besoin de modérer la chute en jetant du sable; alors avaient lieu les inversions de rotation. En regardant par le panneau pratiqué dans le fond de la nacelle, je voyais quelquefois la terre rester fixe pendant le temps de compter au moins jusqu'à une seconde et demie.

Un photographe aux aguets, l'œil sur sa chambre obscure, aurait eu, je crois, le temps de cueillir des clichés instantanés, en saisissant au vol les moments d'incertitude du ballon. Pour avoir toutes les chances de réussir dans cette opération délicate, il faut en quelque sorte jongler avec l'aérostat, un jour où le vent incertain souffle tantôt d'un sens, tantôt dans le sens opposé; avant, après, ou mieux entre deux tempêtes. Le bon moment est celui où le ballon sort d'un tourbillon pour entrer dans un autre. Je suis loin de désespérer d'arriver à ce résultat en dressant un équipage qui n'ait point le vertige. Mais je vois qu'il faut me décider à être, non point mon pape et mon empereur, comme le veut mon ami Pierre Leroux, mais, ce qui est plus facile, et moins dangereux par le temps qui court, mon propre aéronaute. C'est ce que je ne tarderai point à essayer en compagnie d'un ami qui n'est jamais monté en ballon, mais à qui j'ai inspiré le désir de me suivre.

L'usage principal de la photographie céleste est, suivant moi, de déterminer avec exactitude l'endroit où se trouvait l'aérostat lorsque l'on a fait telle ou telle observation saillante. Le point situé sous la verticale du ballon doit se trouver marqué par un traînage généralement assez visible. Ces photographies peuvent servir dans l'art militaire à déterminer la situation des troupes. On peut encore prendre des vues d'un pays inconnu et jeter des sondes photographiques dans un voyage au-dessus de l'Afrique, par exemple. Les photographies de nuages permettraient de montrer les paysages célestes et les phénomènes analogues à ceux dont nous avons été témoins dans nos ascensions de l'*Entreprenant*.

Deuxième ascension de l'aérostat l'Entreprenant, mars 1868.

L'*Entreprenant* ne tarde point à se gonfler sous l'action des rayons solaires, agissant à travers l'enveloppe à demi transparente. Nous apercevons flottant au-dessus de nos têtes une fumée blanchâtre parfaitement visible, mais assez peu abondante pour qu'il soit impossible de concevoir la moindre inquiétude sur le sort de l'appendice par lequel elle sort. Pour nous servir de l'expression maintenant consacrée depuis que nous l'avons lancée dans la circulation, l'*Entreprenant* « fume sa pipe, » comme le *Géant* l'avait fait quelques secondes avan son naufrage de Villers-Saint-Georges.

Depuis lors nous avons vainement interrogé les savants *qui restent à terre* sur la cause de cet étrange phénomène. Les uns nous ont parlé d'ammoniaque; les autres n'ont rien dit; enfin aucun ne nous a répondu d'une façon satisfaisante. Voici qu'au moment où nous y pensons le moins la solution de la question nous arrive, mais tellement simple qu'à moins d'être par trop bachelier ou docteur, chacun de nos lecteurs sera obligé de la comprendre.

Quoique transparent au départ, le gaz qui remplit le ballon a toujours été chargé d'une quantité notable d'humidité; car un peu avan de parvenir jusqu'à la surface inférieure des nuages nous avons vu l'intérieur de notre ballon se remplir de vapeurs condensées par l'action du froid. Le décroissement progressif de la température avait mis un nuage dans le globe que nous avons au-dessus de nos têtes. Mais aussitôt que l'*Entreprenant* a franchi gaillardement le couvercle blanchâtre de nuages qui cache le soleil aux habitants de la terre, il s'est nettoyé au dedans et au dehors : non-seulement les toiles ont perdu l'eau qui les surchargeait, mais le gaz intérieur a repris toute sa limpidité première. Chaque fois que l'aîné des Chavoutier ouvre la soupape on peut suivre le jeu des clapets qui s'écartent de leur siége. Deux petits croissants lumineux permettent de juger de la grandeur de l'ouverture; on devine le moment où les ressorts en caoutchouc qui sont passés en dehors sur la traverse dormante vont ramener les deux valves avec une certaine violence; alors on entendra un bruit sec caractéristique, espèce de petite détonation très-curieuse.

Mais en se réchauffant le gaz se dilate, et il sort progressivement par l'apendice, car le débit de la soupape, maniée avec précaution, n'est point suffisant pour faire équilibre à l'accroissement de volume produit par l'action des rayons solaires. Je suis sûr que l'on trouverait une différence de plus de dix degrés centigrades avec l'air ambiant si l'on plongeait dans l'intérieur du ballon un thermomètre électrique comme on en fabrique de si sensibles, mais comme nous, prolétaires de l'atmosphère, nous n'en avions point, et nous n'en aurons peut-être jamais dans notre nacelle démocratique.

Ce gaz chaud qui sort par petits filets dans un air dont la température est inférieure à celle de la glace fondante éprouve un effet de refroidissement subit. La vapeur d'eau, qui était dissimulée tant qu'elle restait renfermée dans l'intérieur du ballon, se précipite immédiatement sous forme de brouillard. Nous avons donc au-dessus de nos têtes une fabrique de nuages microscopiques, et qui ne tardent point à se disperser dans l'atmosphère; mais ils peuvent nous servir avant de s'évanouir. En effet, la direction de ce petit panache permet de suivre la route de l'aérostat mieux que ne l'aurait fait certainement la plus docile banderolle.

Ainsi donc, ce qui n'a point encore été remarqué jusqu'ici, le gaz humide, s'il se refroidit en sortant de l'appendice, peut tracer le sillage du ballon dans les airs. Si l'on pouvait parvenir à voir ce qui se passe au-dessus de l'autre côté de la sphère de toile vernissée, chaque fois que l'on fait jouer la soupape, on constaterait très-souvent une effet analogue, utile en maintes circonstances.

Sur la surface ondulée du couvercle blanchâtre de la terre nous voyons très-distinctement l'ombre du ballon qui se projette avec élégance. Elle nous suit assez obliquement, à cause de la grande distance zénithale que le soleil a déjà atteinte, car il est plus de cinq heures. Notre nacelle se détache en noir sur ce fond éblouissant, ainsi que nos trois têtes et nos deux *guide-ropes.* Avec un appareil convenable nous pourrions nous photographier nous-mêmes.

Cet effet n'a rien que de très-facile à expliquer. Le premier savant à brevet venu vous dira, sans trop d'équations transcendantes ou irrésolubles, qu'il provient de ce que le ballon ne laisse point passer la lumière derrière lui. Une portion notable de cette lumière, dont l'absence fait tache sur la surface neigeuse des nuages, a été absorbée par l'aérostat. Nous pourrions dire que c'est elle qui a allumé la pipe de l'*Entreprenant*. En effet, c'est elle qui a produit la dilatation du gaz humide, et par suite qui a été la cause de l'apparition de la fumée blanchâtre! Mais, outre cette portion de lumière changée en chaleur, il y en a une autre qui n'a point passé non plus à travers le ballon, dont la double enveloppe remplie de gaz est opaque, mais qui n'est point perdue pour les nuages. Celle-là a été réfléchie très-régulièrement, comme elle l'aurait été par un miroir métallique, parce que M. Giffard a fait merveilleusement les choses : il a dépensé plus de cent francs à faire donner au ballon une couche neuve de vernis, deux ou trois jours avant le départ. Ce faisceau réfléchi se retrouve donc repoussé sur le *couvercle* de la terre ; mais il a pris dans ce trajet une forme des plus bizarres. Je décris de mon mieux ce que nous voyons, laissant à de plus habiles que moi le soin de chercher l'explication, au moins jusqu'à ce que je monte de nouveau au-dessus des nuages. Peut-être la découvrirai-je sans y penser, une fois que j'aurai de nouveau le plaisir de faire l'école buissonnière dans un pays où M. Leverrier ne viendra pas m'envoyer les huissiers de son observatoire.

Au centre de cette projection étrange se voit très-distinctement un point noir très-apparent, en teinte fondue, et d'un diamètre égal au quart de celui de la lune. Autour de ce disque nous voyons un cercle offrant toutes les couleurs de l'arc-en-ciel, et dont le diamètre est environ 16 fois plus grand. Autour de ce premier cercle coloré en règne un second dont le diamètre est à près double du précédent, et qui porte également la livrée de la décomposition spéculaire.

J'ai dessiné le phénomène quant à ses dimensions, mais j'avouerai à ma honte que je ne me suis point inquiété de l'ordre de ses couleurs. Je ne me rappelle point en ce moment si c'était le bleu ou le rouge qui se trouvait en dehors, tant sur le cercle intérieur que sur l'extérieur.

Une circonstance atténuante que j'invoquerai, c'est que nous avons entendu, au moment où je traçais ce croquis, un vigoureux coup de trompette traversant je ne sais comment le couvercle blanchâtre et nuageux de la terre. C'étaient sans doute les chasseurs du bois d'Ermenonville qui venaient de tuer leur sanglier, et qui sonnaient leur joyeuse fanfare. Il est environ 5 heures 15.

Si jamais ces chasseurs me lisent, je les prie, non point de m'envoyer un morceau de la hure, mais seulement de me dire l'heure que marquaient leurs montres. Si le moment exact où ce signal de triomphe a pu nous atteindre était marqué sur un thermomètre enregistreur comme il y en a tant qui dorment inutiles dans les cabinets de physique de la terre, nous aurions une mesure, peut-être une mesure exacte de la vitesse du son en hauteur; mais ceux qui possèdent de pareils instruments n'aiment généralement pas à les prêter aux aéronautes, et encore moins à les accompagner dans les airs.

Il devient évident que le ballon s'alourdit; nous allons bientôt nous plonger dans les nuages, pour ne plus revoir le soleil qu'à la manière du commun des martyrs, y compris les rois, les papes et les empereurs. Je dis au jeune Chavoutier de se presser de dévorer un morceau de saucisson qu'il savoure avec un appétit éthéré, et je donne le signal du branle-bas de combat, car c'est bientôt à la terre que nous allons avoir affaire.

Troisième ascension de l'Entreprenant, Avril 1868.

Nous serions restés bien longtemps encore à admirer ce majestueux coup-d'œil si nous n'avions écouté que notre plaisir, car il faisait encore grand jour. Mais il était déjà six heures et demie, et mon ami M. Giffard m'avait fait promettre, comme je l'ai déjà dit, de prendre terre avant le coucher du soleil. Or, d'après la *Connaissance des temps*, qui sur ce point ne se trompe guère, il ne me restait en ce moment qu'un quart d'heure pour remplir cette condition si sage. En effet, tout n'est pas fini lorsque l'aéronaute a quitté sa nacelle, qu'il est devenu jusqu'à sa prochaine ascension l'esclave de la pesanteur; il faut encore vider le ballon, le retirer du filet, le plier dans sa bâche et l'emmener au prochain village. Pour que ces opérations, où le danger commence pour le matériel, pussent être terminées avant l'obscurité, il faudrait que la durée du crépuscule fût beaucoup plus longue au niveau du sol qu'elle ne l'est au-dessus des nuages, ce qui est, comme chacun le sait, le contraire de ce qui arrive.

Je donnai donc ordre de procéder au branle-bas de la descente. D'après le programme que j'ai adopté, cette opération consiste à disposer par ordre de prix tous les objets qui se trouvent à bord. On trouve immédiatement sous sa main et sans chercher ceux qu'il faut sacrifier les premiers dans le cas ou le lest ne suffirait pas. Tous, même les vivres, les effets et les instruments, doivent y passer en cas de besoin. Quoique j'eusse encore cinq sacs de lest presque entiers, je ne crus pas devoir me départir d'une règle de prudence que je crois nécessaire, quand ce ne serait que pour établir une sorte de discipline. J'enveloppai les thermomètres dans leur gaîne, ainsi que la longue-vue, trop incommode, et les jumelles, trouvées inutiles, à cause de la faiblesse de leur pouvoir grossissant. Elles ne rapprochaient point assez les objets pour que nous les préférions aux yeux que nous a donnés la nature, et surtout à ceux des Chavoutier, pour l'opération de l'abordage.

Nous ferons accoupler pour une expédition prochaine deux lunettes astronomiques de manière à construire une véritable jumelle de haute région, dont le champ soit assez vaste, et qui ait un grossissement double ou triple de celui des jumelles ordinaires. Il est vrai que nous verrons les objets terrestres renversés, comme les astronomes aperçoivent les astres. Mais cette circonstance n'offre aucun inconvénient pour l'aéronaute, qui, regardant les hommes et les femmes par-dessus la tête, n'est point exposé à les trouver les jambes en l'air. Il est donc parfaitement absurde de redresser les images dans les lorgnettes destinées à ceux qui admirent la nature du haut de ce balcon merveilleux de la nacelle d'un aérostat, car les lentilles surnuméraires dont les opticiens sont obligés de se servir offrent plusieurs inconvénients, dont les moins graves ne sont pas d'augmenter le poids de l'appareil et de diminuer la quantité de lumière qui parvient à l'œil de l'observateur.

Il est on ne peut plus important d'avoir à bord d'excellentes lunettes, non-seulement pour la descente, ce qui n'est qu'un détail, mais pour reconnaître les objets remarquables sur lesquels le vent mène l'aérostat. Avec une bonne jumelle de haute région et le trou que j'ai fait pratiquer dans le plancher de la nacelle, je crois être presque en état de me passer de la photographie. Quelques traits de crayon suffisent pour indiquer la forme des maisons, des arbres, des carrefours de route, des clochers, des ponts, qui passent sous l'étrange lucarne d'une façon assez nette. Rien ne sera plus facile que de retrouver les points dessinés sur la carte d'état-major. La photographie ne sera indispensable que le jour.

Nous ajouterons que le mode de graduation employé communément pour les thermomètres est détestable dans les ascensions, où l'on peut se trouver alternativement vingt fois par heure au-dessous ou au-dessus du zéro de l'échelle thermométrique. Au moins, en ballon, il faudrait adopter la notation tétracentigrade de M. Valferdin, qui évite cet inconvénient grave en prenant un point de départ que n'atteint jamais le thermomètre. En outre pour déterminer l'état hygrométrique de l'air, il faut évidemment renoncer à marquer le point de rosée, à moins peut-être d'employer un mélange d'eau et d'alcool, ce que nous ferons dans notre prochaine ascension.

Les nuages du 13 avril offraient trois couches parfaitement distinctes. La couche inférieure se composait de nuages pommelés parfaitement visibles, naviguant par une hauteur de cinq ou six cents mètres, analogues aux petits nuages orageux que l'on voit dans l'été au-dessous des nuées chargées d'électricité. Ces petits nuages pommelés avaient des contours très-nets, très-distinctement accusés. Ils se projetaient sur les prés comme autant de vapeurs blanches. Des amateurs visitant pour la première fois ces régions auraient pu croire qu'ils voyaient des fumées sortant de terre.

Au-dessus de ces nuages pommelés se trouvait une couche huileuse, opaque, homogène, que, dans le récit de notre ascension dernière, nous avons appelée le couvercle de la terre. Ce couvercle était si épais que, pendant toute la durée de la journée du 13, il n'a pas dû laisser filtrer un seul rayon de soleil. La surface extérieure de ce banc de nuages, que les savants officiels n'ont pu voir, était magnifiquement unie et d'une merveilleuse teinte de neige. Elle différait de celle que nous avons vue dans notre dernière ascension, en ce qu'elle n'offrait ni rides, ni protubérances, ni sillons d'aucune nature.

Au-dessus de nos têtes, la voûte céleste était recouverte d'une couche de nuages vaporeux, cotonneux, formant comme un immense dôme de plus d'un millier de mètres de hauteur. Par les interstices des nuées on apercevait le bleu du ciel, et du côté du couchant une teinte argentée d'une délicatesse inouïe. Le vent, qui nous poussait sans que nous pussions nous en apercevoir, nous apportait les échos du nord. Il arrivait des aboiements de chien, des détonations, et jusqu'à des gloussements de poule, tant l'air était sonore.

Nous n'étions pas à cent mètres au-dessus du couvercle de la terre, car le bout de notre guide-rope se perdait dans les vapeurs comme s'il eût plongé dans l'eau d'une mer opaque couleur d'ivoire, ou plutôt d'albâtre. Cette face unie réfléchissait le son de notre voix d'une façon très-docile et très-distincte. Un écho, qui semblait sortir de dessous la nacelle, répondait chaque fois que nous nous plaisions à l'invoquer.

A ce moment, nous assistons à un majestueux phénomène, que je considère comme une illusion d'optique, mais dont je n'ai pu découvrir encore d'explication satisfaisante. Nous nous apercevons avec la plus vive surprise qu'un cirque immense, dont le centre répond à la projection de notre nacelle, semble avoir été creusé au-dessous de nous par une main invisible. Son rayon paraît quadruple ou quintuple de la longueur de notre guide-rope. La paroi verticale projetée produit l'effet d'un halo noir de 46 degrés, renversé sur la face supérieure des nuages.

L'ensemble produit l'effet d'un immense bassin circulaire analogue à celui des Tuileries, mais vingt fois plus large, dix fois plus profond. Le fond de cette gigantesque excavation est rigoureusement au plan qui limite la couche moyenne des nuages, et dont la parfaite horizontalité n'a point été altérée par cet étrange travail. Les bords semblent avoir été revêtus de roche noire, surtout du côté de l'orient. Mais la neige immaculée qui recouvre le fond du bassin comme la plaine les a cachés en bien des endroits; la roche noire apparaît çà et là comme protestation contre une trop monotone blancheur.

La première, puis la seconde corde touchent; nous planons au-dessus de prés couverts d'une herbe maigre et rare. Je dis à l'aîné des Chavoutier de continuer à ouvrir la soupape de toute sa force, et je recommande aux deux frères de bien se tenir des mains aux cordages, sans se raidir cependant, en cédant des pieds comme lorsque l'on saute.

L'ancre a mordu... Nous n'éprouvons qu'une secousse à peine appréciable, grâce à un magnifique anneau de caoutchouc qu'a inventé M. Giffart, qui se trouve adapté au cercle, et auquel vient s'attacher la corde de l'ancre. Le choc est amorti comme un ressort ne saurait le faire! L'ancre cherche à prendre dans une terre friable qui fuit sous sa griffe. Le sol s'ouvre comme devant une magnifique charrue poussée à la vitesse de quatre à cinq lieues par heure, comme l'eau sous la proue d'un vapeur. On voit les mottes de terre voltiger de droite et de gauche d'une façon à la fois poétique et gracieuse. La corde, longue d'une trentaine de mètres, forme une sorte de gigantesque chaînette qui s'arrondit avec la grâce des fils de la Vierge!

Du côté de la rivière, encore trop éloignée pour que nous concevions une ombre de crainte, le ballon s'incline d'une façon coquette. Comme il commence à se vider, le vent s'y engouffre, et l'on entend le cliquetis des voiles fouettées contre les mailles. Chavoutier l'aîné tient toujours la corde de la soupape, le ballon descend progressivement. Il arrive à terre en même temps que nous, et se roule comme un enfant mutin qui fait la cabriole sur le gazon d'un parterre; puis il se redresse, et nous aussi.

Deux ou trois chocs faibles ont lieu, pendant lesquels la corde de la soupape s'échappe des mains qui la tenaient. On la rattrape sans peine; mais pour éviter cet inconvénient, elle sera dorénavant attachée au cercle par son extrémité inférieure.

Un homme vêtu d'un bourgeron blanc s'approche; nous lui disons de se cramponner à une corde... Nous sautons à terre l'un après l'autre... Nous demandons où nous sommes. — Cette petite rivière se nomme la Lima; c'est un affluent de l'Essone, qui se jette dans la Seine à Corbeil. Le village s'appelle Courcelles; il est à une lieue de Beaune-la-Rollande, chef-lieu de canton du département du Loiret, à 106 kilomètres de Paris par le chemin de fer. Nous arrivons à sept heures moins un quart, juste assez à temps pour assister au coucher du soleil.

Ascensions maritimes à Calais.

Il est presque inutile de rappeler que la Manche fut traversée par Blanchard, dès le 7 janvier 1785, avec le docteur Jeffries. Les voyageurs, partis de Douvres à une heure prirent terre un peu après trois heures seulement dans la forêt de Guînes, où une colonne perpétue le souvenir de leur beau voyage. C'est dans le voisinage de cette colonne que Pilâtre des Roziers et le jeune Romain, son aide, vinrent tomber à la suite de la funeste ascension tentée à Boulogne le 5 juin 1795. Les aéronautes étaient partis avec un vent inférieur qui paraissait favorable et portait vers l'Angleterre. Mais cette couche d'air étant peu épaisse comme toutes celles qui soufflent de l'Est, les aéronautes en étaient sortis dans leur bond initial; c'est en essayant d'y rentrer qu'ils trouvèrent la mort, soit que leur soupape se fût déchirée, soit que le feu ait pris à leur aéromontgolfier. L'aérostat avait été fatigué par des tentatives infructueuses et par une fatigante attente, car pendant les premières semaines les ballons d'essai avaient été refoulés sur les côtes de France par un vent d'ouest persistant dans ces parages. Pilâtre, qui ne connaissait pas la loi de distribution des courants aériens n'avait pas eu l'idée de chercher si on trouvait un vent d'est au contre-courant dans les régions supérieures.

Il y a quelques années, Deschamps partit de Calais pour tenter une ascension par un vent d'ouest qui le portât dans l'intérieur des terres; il s'aperçut que ce vent ne régnait qu'à une faible hauteur, et que le contre-courant le lançait en Angleterre. C'est peut-être ce qui fut arrivé au malheureux Pilâtre s'il fût parti par un vent en apparence défavorable. Deschamps prit peur et voulut descendre avant d'avoir perdu terre, il tomba sur la plage, où l'on ne ramassa que son cadavre!... Le 16 août dernier, M Duruof fut, comme nous l'avons indiqué déjà, refoulé sur la mer par un courant supérieur; il n'eut qu'à se laisser couler dans le courant inférieur pour revenir à terre. Cet exemple montre d'une façon très-nette combien il est facile de profiter des contre-courants quand on saisit les circonstances nombreuses où ils doivent se produire. Les côtes de la mer sont très-favorables à ces courants superposés à cause de l'alternance, surtout en été, de la brise de mer et de la brise de terre, suivant que la mer est plus chaude que la terre ou *vice-versa.* Ces effets sont d'autant plus sensibles sur la Manche, que la disposition des côtes anglaises est inverse de celle des côtes françaises. On peut donc espérer de franchir le détroit en courant des bordées verticales pour trouver le courant favorable. La plus grande difficulté est de triompher du courant d'aspiration qui doit presque toujours régner sur le milieu du détroit en temps calme, et qui doit chasser l'aérostat soit vers la Manche, soit vers la mer du Nord. Il paraît donc préférable de ne point s'attacher à la partie du détroit où il est le plus étroit, et de tenter le passage en oblique par un point où les vents offrent une certaine stabilité. Ce sont ces considérations que nous avons indiquées dans différentes parties de notre ouvrage qui nous ont conduit à proposer Cherbourg ou le Havre comme point de départ. Bien entendu, il ne faut point s'interdire de courir des bordées verticales pendant la durée du voyage, mais le principe de la méthode est de choisir autant que possible un vent qui paraisse doué d'une certaine stabilité, et qui ait une énergie notable.

Il s'est présenté des occasions favorables depuis que M. Duruof a fait la proposition officielle à l'Exposition universelle et à la mairie du Havre. Nous devons espérer encore une fois que les habitants de notre grande métropole maritime feront quelques efforts pour encourager une entreprise de cette nature. Nous la trouvons bien plus intéressante, il est vrai « que nous sommes exposés, » que les courses de taureaux, et nous aimons à croire qu'elle contribuera plus à l'honneur de l'Exposition et au progrès des sciences.

Construction du ballon l'Union.

Nous avons eu occasion de visiter la lampe de sûreté de M. Mangin, construite comme toutes les autres sur le modèle de celle de Davy. Elle porte dans l'intérieur une lime sur laquelle on peut frictionner une allumette chimique qui a été introduite dans un tube en caoutchouc. Cette disposition fort simple permet d'allumer la lampe en l'air. Le même inventeur a imaginé une chaufferette en cuivre que nous avons également vu fonctionner. C'est un tube de cuivre possédant des orifices destinés au passage de l'air et garnis de plaques mobiles que l'on ferme quand on veut arrêter la combustion. Dans l'intérieur se trouve renfermé un mouchoir de toile métallique s'ouvrant en deux parties, et où l'on place la braise que l'on veut consommer. Cette braise a été immergée dans une composition qui en rend la combustion facile. L'allumage s'opère également du dehors, ce qui dispense de conserver du feu allumé pendant tout le temps de l'ascension. M. Mangin va construire un petit fourneau pour faire chauffer une tasse de café ou de bouillon. Ces appareils pèsent quelques centaines de grammes, et ils résolvent d'une façon très-complète le problème de l'allumage du feu dans l'air sans danger pour les aéronautes. Nous en ferons usage dans notre prochaine ascension. Nous ignorions l'existence de ces perfectionnements très-récents, du reste, lors de la rédaction de la première partie de notre ouvrage. M. Mangin construit en ce moment un ballon nommé l'*Union*, qui a été cousu à la mécanique, ce qui paraît donner une solidité très-grande et permet de réaliser une économie notable. A l'endroit des coutures l'enveloppe est quadruple et les points sont sur deux rangs séparés par l'épaisseur de la couture. J'ai conseillé à M. Mangin de supprimer le filet en introduisant une cordelette dans chaque couture et en croisant les lais par des coutures obliques, ou plus simplement parallèles à l'équateur.

Le ballon serait quadrillé par des lignes dont les unes représenteraient ses méridiens et les autres des parallèles, et qui contiendraient dans l'intérieur, emprisonnées entre deux rangs de piqûre, des cordelettes.

Cette disposition aurait, suivant moi, l'avantage d'empêcher les lais de se déchirer jusqu'au bout quand il arriverait un accident. Une disposition analogue a été employée pour la construction de la montgolfière l'*Aigle* qui a fourni à Paris quelques ascensions heureuses, et qui a, je crois, brûlé à l'Exposition universelle de Londres.

L'appendice du ballon l'*Union* sera fermé, comme je l'ai indiqué dans mes articles, afin d'empêcher la diffusion quand le gaz n'éprouve pas de dilatation. Cet effet sera réalisé à l'aide d'une simple clef pareille à celle d'un poële, et manœuvrée par une corde. Au centre de cette clef se trouvera un œil garni d'un cuir par lequel passera la corde de la soupape. Le plancher de la nacelle sera pourvu d'un trou garni d'un obturateur pour exécuter les opérations photographiques et les observations suivant la verticale. Ce trou sera utile pour la projection de parachutes plus ou moins fortement chargés, et dont la direction permettra d'apprécier la marche de l'aérostat, au moins jusqu'à un certain point. Comme on le voit, les conseils émis dans notre cours de navigation aérienne seront suivis en partie avant que notre ouvrage ait vu le jour.

Les observations astronomiques au mois d'Août 1868.

Nous n'avons point encore entre les mains le récit des observations faites sur la grande éclipse de soleil, qui n'avait pas encore eu lieu au moment où nous avons écrit les lignes précédentes. Mais les renseignements reçus de différents points de la *ligne de la totalité* concourent à nous faire craindre que les nuages n'aient pas montré une grande complaisance, *malgré les peines prises par les commissions scientifiques pour choisir des stations abritées où le ciel se trouve en général doué d'une pureté exceptionnelle.* M. Janssens s'est trouvé exceptionnellement favorisé dans ses observations d'analyse spectrale. Il a pu observer des particularités que son télégramme annonce comme ayant été très-curieuses, et qui ont été certainement très-instructives. Mais ce succès partiel est loin de nous consoler de ce que nous avons sans doute perdu de merveilles, grâce à la malheureuse disposition des nuages. Nous sommes encore sans nouvelles de la grande expédition française dans l'empire de Siam. Nous savons seulement que l'Empereur s'est décidé à aller observer l'éclipse en compagnie des astronomes français, après avoir fait quelques difficultés pour les admettre dans ses domaines. Sa Majesté ne comprenait pas bien pourquoi des gens qui ont l'éclipse chez eux vont la regarder chez les autres, et il craignait qu'on ne lui fît voir l'éclipse d'une province ! !

Les observations des étoiles filantes ont été également troublées par la lune et par les nuages, de sorte que les résultats n'ont offert aucun degré de précision, ce qui est bien regrettable, car le moment du maximum a été fixé par M. Chapelas-Coulvier-Gravier entre minuit et une heure du matin, temps moyen de Paris, tandis que M. Mancini l'a placé entre une heure et deux heures, temps moyen de Rome. Si on avait des observations comparables on arriverait à déterminer exactement l'heure absolue du phénomène et la parallaxe du point où les météores rencontrent en ce moment la haute atmosphère.

Le nombre horaire moyen corrigé de la lune et des nuages a été, pour M. Chapelas-Coulvier-Gravier, de 32 étoiles, et moindre que celui observé par M. Mancini, qui a été de 34 à 35, sans aucune correction, mais à l'aide de plusieurs observateurs. Combien il serait à désirer que les observations à Paris et à Rome eussent été faites dans des circonstances comparables et contrôlées par les observations d'aéronautes ! Comment, en effet, introduire une correction pour la présence de nuages si on ne sait au moins par quelques expériences de combien ils diminuent le nombre horaire? Est-il nécessaire de faire remarquer encore une fois que le rayonnement lunaire lui-même serait moins dangereux à 4 ou 5,000 mètres de hauteur ?

Le rapport de M. Mancini signale un fait qui montre combien l'incertitude est grande sur l'époque du maximum, donnée essentielle, faute de laquelle les astronomes s'occupant d'étoiles filantes ne feront que de la *science en l'air*, malgré leur prétention de ne point s'élever plus haut que le sommet de leurs observatoires. L'an dernier, des observations faites à Florence indiquaient le maximum pour le 11 à 2 ou 3 heures du matin. Pendant la même période, une autre compagnie d'astronomes faisait à Alexandrie, en Piémont, des observations qui indiquaient que le maximum avait eu lieu le 12 à la même heure.

M. Chapelas-Coulvier-Gravier pense que, depuis 1848, le nombre des étoiles filantes d'août va en décroissant d'une manière lente et progressive. Nous ne croyons pas qu'il soit possible d'être fixé à cet égard sans études aérostatiques, car les différences sont excessivement faibles entre une année et la suivante. C'est seulement lorsqu'on a écarté les nuages que l'on peut arriver à répondre de 3 ou 4 unités dans la détermination des nombres horaires.

L'étude de ces météores est du reste subordonnée à la situation de la lune, de sorte qu'il serait sage de ne comparer que les années où le 10 août occupe la même place dans le mois lunaire.

M. Chapelas-Coulvier-Gravier fait remarquer avec raison que le maximum arrive d'une manière moins brusque en août qu'en novembre. La loi d'accroissement et de décroissement des nombres horaires est donc excessivement intéressante à déterminer dans ces deux circonstances. Sans avoir des aérostats à sa disposition peut-on y parvenir d'une façon satisfaisante ? Parmi les problèmes à résoudre se trouve l'évaluation du nombre total des météores de chaque période, et de leur masse déterminée à l'aide de leur intensité lumineuse. Des observations faites, comme nous l'avons dit à bord d'une nacelle, auraient permis d'établir une loi de décroissance, et d'évaluer l'affaiblissement produit par 5 ou 6 kilomètres d'atmosphère. Dans ce même mois d'août, on a assisté à l'opposition de Junon, la plus grosse des petites planètes, celle que Shrœter a aperçue à l'œil nu dans les environs de Lilienthal. L'observation du tambour-major d'un bataillon céleste aussi intéressant que les petites planètes aurait mérité d'être faite par un aéronaute au moment où il pouvait être aperçue par un ciel serein, et avant que la lune ne soit revenue pleine dans le canton du ciel où elle se montre.

La comète d'Encke s'est également montrée à quelques astronomes étrangers. Elle était placée dans une situation très-défavorable à cause de la proximité de son périgée et de son périhélie. Etait-ce une raison pour ne point essayer de l'apercevoir dans un aérostat en s'affranchissant des nuages? Quoique télescopique, cet objet céleste ne se serait sans doute pas dérobé à un aéronaute armé d'une bonne lunette astronomique pareille à celles dont nous avons recommandé l'usage. La succession de ses apparitions est d'autant plus importante qu'elle paraît en voie de s'éteindre. Est-il besoin d'indiquer l'excessive importance qu'il y aurait à s'assurer de la vérité d'un phénomène capable de jeter tant de lumières sur la nature des comètes! Ne serait-il pas, en effet, démontré que le baron Reichenbach n'est point un rêveur quand il compare les astéroïdes à des comètes éteintes, condensées par le travail d'attractions mille fois séculaires!

Nous nous arrêterons ici, car il n'est point nécessaire de pousser plus loin notre inventaire. N'est-ce point assez que l'énumération des études pour lesquelles les aérostats eussent été, dans un seul mois, d'un si utile secours?

L'an prochain, nous aurons deux éclipses de soleil. D'ici là nous assisterons à un passage de Mercure, et à une pluie d'étoiles filantes de novembre. Un grand nombre de phénomènes accessoires viendront solliciter l'ardeur des amis de la nature. Est-ce à dire pour cela que notre voix soit entendue? En aucune façon. Peut-être que la comète d'Encke, en son prochain retour de 1871, trouvera les astronomes encore à terre! Qui sait s'ils se décideront à confier leur fortune à la nacelle d'un aérostat pour les prochains passages de Vénus!

TÉLÉGRAPHIE AÉRONAUTIQUE

Il paraît que des expériences aérostatiques ont bien eu lieu au camp de Châlons comme nous l'avons indiqué page 108. Mais des renseignements plus complets nous font croire qu'elles ont eu pour but des essais de télégraphie aéronautique et militaire dirigés par M. Eugène Godard.

Nous savons, en effet, que cet habile aéronaute a inventé un système complet pour transmettre des signaux de jour et de nuit avec des tableaux ou avec des lanternes. Nous avons vu fonctionner sous les hangars de M. Flaud la télégraphie nocturne de M. Godard de la façon la plus satisfaisante. Il est clair qu'en ballon le succès serait le même. M. Godard se servait au moins alors de feux colorés.

Des expériences analogues ont eu lieu aux États-Unis, pendant la guerre de la sécession, avec cette différence que les officiers Yankees n'employaient que des feux d'une seule couleur. Un feu fixe servait de point de repère, un autre mobile donnait par sa direction différents signes alphabétiques.

La rapidité de la transmission était très-grande ; mais les Yankees n'avaient pont songé à faire usage de ballons pour enlever leurs signaux à de grandes hauteurs. Nous engagerions d'employer la lumière électrique qui mènerait les signaux à des distances très-grandes, moindres cependant qu'on ne le croirait. Il est inutile de faire remarquer qu'en ajoutant un télégraphe aérien à un ballon on peut donner des ordres à une armée en marche sur un district immense.

On ajoute que le ballon de M. Eugène Godard sera mu par un treuil mobile sur un chariot suivant l'état-major.

Nous ne savons ce qu'il y a de vrai dans la seconde partie de nos renseignements, mais nous ne pouvons que répéter ce que nous avons déjà dit d'avantageux sur cette disposition dans notre cours public de navigation aérienne. Nous avons vivement conseillé d'adopter ce système. En effet, les ballons captifs peuvent servir encore mieux à correspondre avec les différents corps de troupe d'une même armée qu'à apercevoir un ennemi qui cherche à dissimuler sa présence.

Il est clair, pour ne citer qu'un exemple sur lequel nous ne saurions trop souvent revenir, qu'avec un ballon pour indiquer la situation de son quartier général, Napoléon Ier n'aurait pas couronné Austerlitz par Waterloo.

Première ascension de l'Union.

La première ascension de l'*Union*, dont nous avons indiqué la construction (page 118), a été exécutée par M. Mangin, à la fête de St-Cloud, sur la place d'armes de cette ville, le jeudi 17 septembre dernier.

Cet aéronaute était accompagné de M. Rosé, inventeur du procédé de couture, et M. Berthaud, fabricant de vernis, qui l'avait aidé dans la construction de son aérostat. Un violent orage qui a éclaté une heure avant le départ a fortement éprouvé la solidité du ballon qui recevait son baptême aérien. L'ascension eût été impossible sans le dévouement d'un grand nombre de volontaires qui ont tenu les cordes au milieu d'une pluie battante.

Il est juste de dire qu'ils avaient eu l'intelligence de se placer du côté de la Tête Noire, de sorte que le vent qui soufflait du Parc jetait les toiles au-dessus d'eux. Tout le lest attaché au filet et aux cordes d'équateur servait de contre-poids du côté opposé.

L'aérostat s'est détaché de terre à 5 heures 45 minutes; il s'est dirigé, avec une vitesse assez grande, du côté du nord-est. Aussitôt qu'il s'est trouvé au-dessus de la Seine, il s'est abaissé d'une quantité assez notable pour effrayer les spectateurs qui croyaient à un accident. Mais cet effet dû à la condensation de vapeurs invisibles se produit toutes les fois que l'on passe au-dessus d'un bois ou du lit d'un fleuve de dimensions notables. Les débutants doivent faire attention à cette circonstance qui, dans certains cas, peut devenir dangereuse.

Nous saisirons cette occasion pour engager les aéronautes expérimentés à ne point marchander le lest, s'ils tiennent à recueillir les applaudissements des spectateurs. A tort ou à raison, le public ne considère une ascension comme tout a fait réussie que lorsque l'on s'élève avec une rapidité foudroyante.

A peine l'aérostat l'*Union* s'est-il trouvé à une hauteur d'un millier de mètres qu'on l'a vu refléter les feux du couchant avec une vivacité extraordinaire; on eût dit qu'il était teint en rouge par des feux de Bengale. Cet effet s'explique de la même manière que l'éclat que prennent quelquefois les vitres qui reflètent les derniers feux du soleil. Il prouve que la coloration des nuages, qui se teignent quelquefois en rouge à ce moment, peut tenir à un effet de même nature !

Un peu avant de disparaître, les passagers du ballon ont remarqué un arc-en-ciel visible du côté de l'orient, incliné sur l'horizon d'un angle de 45° environ, et paraissant descendre jusqu'à terre. Le sommet de l'arc se trouvait au niveau des observateurs. En se tournant du côté de l'occident, tous trois ont remarqué un phénomène associé au précédent : c'était un trait rectiligne de lumière blanche parallèle aux branches latérales de l'arc-en-ciel, beaucoup plus lumineux, d'un diamètre apparent égal à celui de la lune, partant du point où le soleil venait de disparaître, et se rendant jusqu'à la couche inférieure des nuages au milieu desquels se trouvait alors l'aérostat. Cette colonne de lumière provenait probablement d'une éclaircie dans les nuages qui laissaient passer un faisceau de rayons solaires. C'est à elle que l'on devait le beau phénomène qu'admiraient en ce moment les voyageurs !

Pendant les six quarts d'heure qu'il est resté en l'air dans une atmosphère très-agitée, l'*Union* a traversé deux séries de nuages orageux. Ils étaient blanchâtres et filandreux comme des rubans de fumée. La surface des nuages était crevassée mais à pointes mousseuses, et l'intérieur était rempli par une pluie torrentielle ; on entendait le bruit des gouttes comme quand de la grêle tombe sur une vitre. On voyait de temps à autre des lueurs blafardes, mal définies, peu lumineuses, analogues à l'éclair d'un coup de canon vu à quelque distance. Ces éclairs n'avaient pas de direction précise. M. Mangin a senti à chaque fois une petite vibration dans les toiles de l'aérostat, mais il n'a éprouvé aucune secousse physiologique. L'air n'était point odorant. La boussole n'éprouvait aucune trémulation semblant devoir être rapportée à l'électricité atmosphérique ; mais comme le ballon pirouettait constamment, il est possible que ces effets aient été dissimulés.

A 7 heures 10 minutes, M. Mangin a ouvert la soupape pour

effectuer sa descente. L'eau contenue dans l'épaisseur de la couronne de la soupape est passée par le clapet et a donné une douche aux voyageurs. Cet effet désagréable peut être évité en bombant les deux clapets de la soupape. L'eau qui se logerait dans les joints, si l'on prenait cette précaution, ne pourrait plus acquérir un volume inquiétant.

A 7 heures 12 minutes les voyageurs étaient à terre. D'après l'estimation de M. Mangin, ils sont tombés de 500 mètres en deux minutes dans un champ fraîchement labouré. L'ancre a mordu sans coup férir, et les voyageurs n'ont éprouvé aucune secousse. Le guide-rope pesait 43 kilos et il avait 110 mètres de longueur. Ils avaient fait 66 kilomètres en ligne droite, depuis Saint-Cloud jusqu'à Dury-Saint-Claude, commune de Bury (Oise). Ils s'étaient élevés à une hauteur de 2,000 mètres environ.

ASCENSION DU NEPTUNE

Au Conservatoire des Arts et Métiers.

Cette ascension ayant attiré l'attention du public et de la presse politique, plus que je n'aurais osé l'espérer, je ne puis me dispenser d'en présenter un récit circonstancié au risque de retarder involontairement, pendant quelques jours, l'apparition du petit volume que nous publions.

Différentes circonstances que j'ai déjà esquissées, en partie, ayant entravé mes projets d'expériences, je me suis décidé à profiter des derniers beaux jours pour recommencer une nouvelle série. Je me suis associé avec M. Gaston Tissandier, directeur du laboratoire de chimie de l'*Union nationale*, et passager du *Neptune* dans la grande ascension maritime de Calais, comme nos lecteurs ne l'ont sans doute pas oublié. Comme l'*Entreprenant* n'avait pas vu l'air depuis ma dernière ascension, il pouvait avoir besoin de réparations urgentes qui auraient demandé un certain temps ; nous avons donc prié M. Duruof de mettre à notre disposition l'aérostat le *Neptune* qui était prêt pour exécuter l'ascension maritime du Havre, que le silence de la municipalité devait faire considérer comme singulièrement compromise. M. Duruof ayant accepté notre proposition, nous l'avons prié de prendre le commandement de l'aérostat dans la première ascension de la série, qui a eu lieu au Conservatoire des arts et métiers, sur une pelouse faisant partie du jardin de cet établissement. La conduite de gaz destinée aux ascensions a un diamètre assez faible pour que le gonflement d'un ballon de 1200 mètres cubes demande 5 à 6 heures de temps. Comme on ne peut commencer à travailler avant la pointe du jour, il est facile de voir que le Conservatoire ne peut convenir aux ascensions à exécuter pendant la dernière partie de l'année, à moins de gonfler le ballon la veille. Mais il serait de la dernière imprudence d'abandonner un ballon la nuit dans un endroit ouvert à certains vents. Malgré les avantages qu'offre le choix de cet établissement, immortalisé par les ascensions de Biot et Gay-Lussac, nous renoncerons probablement à nous en servir, préférant le local que la Compagnie Parisienne du gaz a eu l'obligeance de mettre à notre disposition, dans son usine de la Villette.

Le vent qui régnait dans la matinée du 13 soufflait avec une violence assez grande pour que l'on fût obligé d'attacher le ballon à des arbres, avec trois cordes tenant à l'équateur par des pattes d'oie. Un peu avant le départ survint une rafale un peu plus violente que les autres qui brisa une des cordes au grand effroi des spectateurs, et avec un grand bruit sourd. Le ballon ne s'était pas crevé, comme on aurait pu le craindre au premier moment, mais l'étoffe avait glissé sous le filet du côté où le choc avait eu lieu. Elle avait acquis de l'autre côté une tension considérable, de sorte que l'orifice avait pris une inclinaison d'une trentaine de degrés sur la verticale. L'accident n'avait point une gravité qui fut suffisante pour obliger à interrompre l'ascension et à sacrifier le gaz; il était même intéressant de voir quelle serait l'influence sur la tenue du ballon en l'air d'une pareille disposition.

Nous nous enlevâmes donc à midi 20 minutes, en présence d'une réunion assez nombreuse, et avec une force ascensionnelle considérable pour ne point être projetés sur les bâtiments voisins, comme il y avait à le redouter. Pendant une heure environ, nous gardâmes assez facilement l'horizontale, et nous n'usâmes qu'un sac de lest pour nous maintenir à une hauteur d'environ 1800 mètres. Cependant nous nous livrions à des mouvements assez brusques, car nous avions à arrimer un matériel assez encombrant d'instruments que nous emportions pour la première fois.

Mais à partir de cette première heure nous nous aperçûmes que le ballon marchait avec une grande irrégularité. Tantôt il gardait fidèlement son horizontale, pendant un temps assez long, tantôt il tombait avec une vitesse accélérée, et il fallait sacrifier beaucoup de lest pour le maintenir. Environ vers deux heures trois quarts, nous dûmes jeter, presque à la fois, trois sacs de lest pour l'empêcher de tomber à la surface de la terre, dont nous n'étions plus éloignés que de deux à trois cents mètres. En ce moment des bouffées de gaz inondaient la nacelle, ce qui n'est point ordinaire, puisque le gaz est comprimé pendant la descente, et le ballon prenait un violent mouvement de rotation. L'explication de ces circonstances, extraordinaires en apparence, est fort simple. La voici en deux mots :

Lorsque le ballon offre au vent le côté opposé à celui où se trouve l'orifice incliné, les choses se passent à peu près comme lorsque l'orifice est vertical, et la perte de gaz n'est pas sensiblement plus grande. Mais lorsqu'il présente son appendice penché au vent, le gaz violemment chassé par l'air qui entre sort à flots, et le ballon se met subitement à descendre. Dans un ballon ordinaire, l'action de l'air sur l'appendice se trouve atténuée par la présence de la nacelle qui fait écran et qui s'oppose, par sa seule présence, à une accélération indéfinie. On peut, du reste, comme je l'ai indiqué à plusieurs reprises, diminuer cet effet en serrant l'appendice avec une boucle ou un mouchoir, et diminuer ainsi les mauvais effets provenant du défaut de soupape inférieure.

Si l'appendice est penché, cette ressource manque complétement, car il serait trop dangereux d'attacher l'appendice sans être certain de pouvoir le détacher rapidement en cas de dilatation subite. L'air s'engouffre donc par l'orifice béant que rien ne protége, avec une grande rapidité, et le gaz, sortant par torrents, est renvoyé par tourbillons dans la direction de la nacelle. En outre l'écoulement du gaz par un orifice incliné sur l'axe donne au ballon un mouvement de rotation qui peut devenir très-rapide. Avant le départ, je ne concevais que d'une façon un peu vague la théorie de ces phénomènes, qui repose, comme on le voit, sur des faits physiques très-simples et dont il est facile maintenant de donner une explication complète. Il est même possible dans une certaine mesure de s'en servir pour produire certains mouvements différentiels avec des ballons de précision. Bornons-nous à faire remarquer cependant que la nécessité d'avoir un appendice vertical augmente l'intérêt qu'il y aurait à construire des ballons sans filets.

Quoique nous soyons partis de Paris dans des conditions mauvaises, notre observatoire a navigué pendant quatre heures et demie avec une vitesse supérieure à celle d'un chemin de fer ordinaire, à une hauteur moyenne de près de deux mille mètres au-dessus du niveau de la mer. Nous avons pu procéder avec autant de facilité et de sécurité qu'à terre à des opérations multiples, dont nous rapportons avec nous les résultats.

Pendant ce temps nous procédions aux différentes opérations du thermomètre, de l'hygromètre, de la direction des vents, du chronomètre, avec une précision au moins égale à celle des autres voyageurs aériens.

Nous avons fait fonctionner l'appareil si ingénieux de M. Maret pour étudier la marche des pulsations du sang, à l'aide de tracés graphiques que nous avons en notre possession. Les tracés seront soumis à l'appréciation de ce savant, mieux à même que personne de donner son avis sur la nature des indications qu'ils fournissent, ayant été pris sur un sujet exempt de fatigue et d'émotion, à ce que nous pouvons croire. Des tracés graphiques pris avant et après l'ascension complètent ces renseignements précieux. Nous avons ouvert avec des pinces *ad hoc*, à des hauteurs variables, de petits ballons renfermant une solution sursaturée de sulfate de soude.

La cristallisation a été instantanée en l'air aussi bien qu'à terre, avant et après l'ascension. Il nous a paru que la vitesse de la cristallisation du sel sursaturé était plus grande à la fin de nos expériences qu'au commencement. Cette circonstance pourrait tenir à ce que nous étions alors beaucoup plus voisins du rivage de la mer, et à ce que le nombre des cristaux de sulfate de soude répandus dans l'atmosphère avait notablement augmenté.

Nous recommencerons l'expérience dans une ascension où le vent nous poussera vers l'est, et nous verrons alors si cette confirmation encore hypothétique de la théorie de M. Gernez se trouve confirmée à son tour.

Nous avons emporté un cône de M. Houzeau abritant des

papiers sensibilisés par le procédé de ce savant, et préparés avec le soin le plus minutieux. La partie supérieure est teinte avec du tournesol insensible à l'action de l'ozone, afin de servir de contre-épreuve à nos observations. Nous nous sommes assurés de la sorte que l'effet ozonométrique n'était point dû au gaz du ballon, au moins à une hauteur de 2,000 mètres. La présence de l'ozone à cette hauteur indiquait un certain état électrique de l'air, ce qui s'est trouvé confirmé par de fréquents éclairs observés dans la direction de l'ouest dès que le jour eût baissé, deux heures environ après notre pittoresque descente. Nous avons fait circuler de l'air dans des tubes chargés de coton-poudre à l'aide d'un soufflet aspirateur mû à la main. Les tubes ont été rapportés et seront soumis à des expériences destinées à déterminer la nature de leur contenu. Cette opération se fait très-simplement en dissolvant le filtre de coton-poudre dans un peu d'éther et en examinant les parties insolubles à l'aide d'un microscope doué d'un fort pouvoir grossissant.

Mais la fatigue de l'opération est loin d'être en proportion avec la quantité d'air que le soufflet introduit dans les tubes. Nous abandonnons ce procédé rudimentaire, et nous aurons dorénavant recours à un aspirateur d'eau à retournement.

Nous avons, du reste, reconnu que la nacelle est presque toujours remplie de poussière de nature à induire en erreur des observateurs peu expérimentés, car le sable de lest que l'on vient de jeter retombe très-souvent sur la tête des passagers. Ces expériences si délicates et si importantes seront reprises par nous avec toutes les précautions spéciales que l'expérience du 13 septembre nous a suggérées.

Nous pouvons même ajouter que nous avons pris la résolution de renoncer définitivement à l'usage du sable, excepté au moment de l'ascension ou de la descente, mais de faire de l'éclectisme en l'air. Le lest employé ordinairement pour conserver la stabilité de notre aérostat sera de l'eau renfermée dans un entonnoir garni d'un robinet. Un tube recourbé, pourvu d'une boule de dilatation, et soustraite à l'influence des variations de température du milieu ambiant, servira à apprécier instantanément la marche de la pression. Grâce à des indications dont notre expérience du 13 septembre nous permettra d'apprécier toute la sensibilité, nous espérons maintenir l'horizontalité de la route suivie par l'aérostat avec une précision et une économie de lest inconnues jusqu'à ce jour.

Nous nous sommes servis avec grand avantage de la direction suivie par l'ombre du ballon pour déterminer, à l'aide de la boussole, l'angle de notre route et du méridien. Il nous sera très-facile de tracer notre route, grâce à l'intervention de ce point noir, dédaigné si longtemps par les aéronautes. Que de services n'est-il point appelé à rendre à la science ! En l'observant à midi, dans un lieu dont on connaît la longitude, la latitude et l'altitude, on aurait la déclinaison du soleil avec une précision supérieure à celle des meilleurs instruments des passages !

Voilà l'astronomie en possession d'un gnomon volant dont la hauteur excède facilement vingt fois celle des pyramides, cent fois celle des obélisques ! Cette ombre peut se photographier avec la plus merveilleuse facilité. Le diamètre du ballon rendu invariable, son diamètre apparent, angulaire, sa hauteur au-dessus de l'horizon et la distance zénithale du soleil étant connue, on peut arriver à déterminer l'altitude vraie. Voilà la fameuse loi de Gay-Lussac pour déterminer la liaison de la hauteur et de la pression barométrique, susceptible enfin de vérification ; les formules empiriques de M. le marquis de

Laplace n'ont qu'à bien se tenir. Nous pensons être les premiers à avoir songé au parti que l'on peut tirer de cette gnomonique transcendante.

Quand le soleil commence à baisser, l'ombre du ballon fuit avec une rapidité effrayante. Pourvu que l'on soit un peu haut surtout, il devient impossible de la distinguer des accidents du sol. Elle ne se montre plus que sur la surface supérieure des nuages. Mais le soir l'ombre des arbres devient très-visible, comme une série de lignes parallèles, indiquant l'heure si on sait la lire. La surface du sol tout entière sert de cadran solaire à l'aéronaute. Il faudrait être bien maladroit pour ne point être plus fort que les horlogers si l'on pouvait déterminer rigoureusement l'angle que fait cette ligne d'ombre avec le méridien, et si l'on connaissait sa situation géographique en projection sur la sphère terrestre.

Nous sommes parvenus à faire manœuvrer un anémomètre, contrairement à l'opinion des aéronautes, qui prétendent qu'il n'y a pas de vent en l'air. Ce vent était assez rapide, et provenait de ce que le ballon ne prend pas instantanément la vitesse du courant aérien qui le pousse, surtout quand il souffle par rafales, comme dans la journée du 13. L'idée de cette expérience intéressante a été suggérée par M. Tresca à M. Tissandier. Nous avons noté le nombre de tours que la roue a marqués, mais nous ignorons quelle est la vitesse différentielle qu'il en faut conclure, M. Tresca n'ayant pas encore eu le temps de nous communiquer les formules qu'il a déduites de ses expériences. La descente de l'aérostat le *Neptune* a offert également des phénomènes très-remarquables et très-instructifs. Le vent inférieur soufflait avec tant de violence, que ni le grappin ni l'ancre n'avaient pu mordre, et que nous étions projetés avec une rapidité vertigineuse à travers des prés coupés de haies, et semés de grands arbres. L'ancre ouvre un profond sillon dans la terre, et la terre voltige à droite et à gauche ; Duruof monte sur la nacelle pour saisir la corde de la soupape ; je me baisse pour ramasser des bouteilles qui peuvent nous blesser, et les lancer par-dessus bord. Tout d'un coup j'entends un craquement. Duruof s'écrie : « Le ballon a crevé », et je vois la terre qui arrive. Je m'élance pour me suspendre au cercle. Voilà le cercle qui me tombe sur la tête... Je me courbe et je me sens renversé les pieds en haut, en même temps que tous les objets qui sont sur le fond de la nacelle me tombent sur le corps. Il fait nuit... d'où provient cet obscurcissement?.. ai-je les yeux crevés?.. Non, je vois une lueur ! Est-ce le traînage qui commence, à quoi me raccrocher alors?.. Non, rien ne bouge ! une demi-seconde de réflexion, pas même le temps d'avoir peur ! J'entends la voix de Duruof qui nous crie, à Tissandier et à moi : « Sortez donc de la-dessous, vous autres ! » Je m'empresse d'obéir à la voix du commandant, et je sors de dessous la nacelle comme une souris qui parviendrait à soulever la porte d'une ratière !! Le soleil est radieux, la nature verdoyante ; tout est calme, le vent semble s'être apaisé... Le ballon est aplati comme une galette. Il n'y a plus une goutte de gaz sous les toiles... Notre premier mouvement à tous les trois est de rire en voyant une situation à laquelle nous ne comprenons rien... Pourquoi, comment nous sommes-nous trouvés à terre sous la nacelle ? En ce moment des paysans accourent la figure bouleversée, la tête renversée, la bouche béante. Ils nous ont aperçus, poussés par la rafale, arracher les branches d'arbres, bondir par dessus les maisons... ils nous ont vus tomber comme la foudre de la hauteur des tours Notre-Dame... ils viennent pour ramasser les cadavres, et ils trouvent trois joyeux compagnons dont leur effroi redouble le rire! « Allons, les enfants, leur criai-je, ramassez les bouteilles, il y a du Bordeaux non pas retour de l'Inde, mais, ce qui vaut mieux, retour des nuages; ramassez le poulet et le saucisson de crainte que les chiens ne le dévorent, aidez à plier ce gaillard qui a l'air de ronfler sur le gazon, chacun aura une bonne paie, une poignée de main, une pipe de tabac, et nous dînerons en famille. »

Une fois Duruof en train de ramasser les lambeaux de sa galette aérostatique nous allons tous les deux, Tissandier et moi, explorer les environs pour nous rendre compte de ce qui s'est passé : rien n'est plus élémentaire. L'ancre, accrochée dans une mare, glissait dans la terre; la voilà qui en un dixième de seconde est devenue inébranlable. La corde se tend comme une barre de fer. L'appendice penché s'aplatit sur le filet poussé par un vent d'orage. Le gaz ne peut plus sortir; alors le ballon éclate, les lambeaux volent au loin. Ce n'est plus qu'un cerf-volant, qui pique une tête. Le vent qui nous a crevés nous sert maintenant d'auxiliaire, c'est lui qui nous dépose à terre, mais la corde n'ayant plus à lutter se détend violemment rappelée par l'ancre. Le cercle saute par-dessus la nacelle, et la nacelle fait la cabriole. Duruof qui est sur le bord se trouve jeté à terre. Tissandier et moi nous sommes mis en cage ! ! Tout cela ne serait point arrivé avec l'anneau de sûreté en caoutchouc que j'ai l'habitude d'intercaler sur la corde de l'ancre. Duruof ne croyait pas à l'efficacité de cet organe. Le voilà convaincu. La leçon lui coûtera cinq cents francs de couture.

Pendant toute la durée de notre voyage, nous avions l'air d'être suspendus au milieu d'un cercle de nuages ayant un diamètre apparent d'au moins cent cinquante degrés de valeur angulaire. Ce cercle très-régulier, très-homogène, un peu plus noir du côté de l'orient, semblait se déplacer en même temps que l'aérostat. Le ciel était d'un bleu très-pur, surtout dans le voisinage du zénith, et la terre s'apercevait constamment au-dessous de nos pieds, même au moment où l'aérostat est parvenu à sa plus grande hauteur. Cette apparence circulaire de nuages placés à l'horizon était analogue à celle que nous avons décrite dans la dernière ascension de l'*Entreprenant,* singulier phénomène dont nous n'avons pu donner alors l'explication. En effet, nous nous étions trouvés, mais seulement pendant quelque temps, au centre d'un vaste cirque d'or, effet très-poétique que nous avons décrit. Il était semblable au précédent, à cette seule différence près que dans le voyage d'avril, nous avions perdu la terre de vue pendant toute la durée du phénomène. Nous avions au-dessus de nos têtes, dans ce moment intéressant de notre excursion, un baldaquin de nuages pommelés entre lesquels nous apercevions le bleu du ciel. Le cirque d'avril était plus épais, plus noirâtre. Le diamètre apparent de ce cirque fantastique avait une valeur beaucoup moindre que celui de septembre, mais dans les deux cas la régularité de la courbure circulaire était on ne peut plus remarquable.

En septembre nous avons remarqué que l'état hygrométrique de l'air possédait constamment une valeur assez élevée. Nous nous trouvions donc constamment plongés dans une couche de véritables nuages horizontaux, qui n'étaient pas assez épais pour se manifester dans le zénith ou vers le nadir, mais qui acquéraient vers l'horizon une assez grande épaisseur pour se montrer avec leur teinte ordinaire. La direction du vent, qui n'était point très-intense, est restée sensiblement la même pendant toute la durée de la journée. Il n'y avait point à la surface du sol d'arète montagneuse susceptible de produire des courants spéciaux sur une couche de nuages situés à une altitude de plus de mille mètres par exemple. Il en résulte que toute cette nappe de vapeurs légères était très-homogène ; elle offrait dans tous les azimuths la même disposition par rapport aux rayons visuels de l'observateur. Nous avions donc autour de nous un cercle parfait suivant le contour de l'horizon. Dans l'expédition d'avril la couche de nuages était beaucoup plus épaisse, et quand nous nous sommes trouvés au centre, nous avons perdu de vue à la fois la terre et le ciel.

L'épaisseur de la couche supérieure diminuant quand nous nous sommes élevés, nous avons aperçu la voûte céleste, non pas pure, mais à travers les fentes d'une multitude de nuages pommelés. Plus l'œil s'écartait du zénith, plus leur nombre paraissait augmenter, et à partir d'un certain point, l'opacité paraissait absolue. C'est à partir de ce point que l'on voyait l'élément correspondant de la courbe des nuages, limitant l'horizon dans chaque azimuth. Comme la distance zénithale du point où commençait l'opacité était la même dans tous les azimuths, on avait la sensation d'un cercle obscur. La densité absolue des nuages étant plus grande en avril, le diamètre angulaire du cirque était moindre qu'en septembre. Il est inutile de faire remarquer combien on pourrait tirer parti de la mesure angulaire du cercle horizontal toutes les fois qu'il se produit pour étudier l'état du ciel, la hauteur de la couche supérieure des nuages, etc., etc. Les nuages d'avril, au lieu d'être formés de vapeurs invisibles, homogènes, comme en septembre, étaient constitués de nuages pommelés. A quelle circonstance tenait la différence? c'est ce que la discussion d'ascensions ultérieures nous permettra sans doute d'établir. Nous ne pouvons abandonner cet article sans ajouter que l'ombre du ballon peut rendre de très-grands services pour déterminer la hauteur des nuages sur lesquels l'aéronaute plane, s'il connaît son altitude par le baromètre et la hauteur zénithale du soleil par les tables astronomiques. Du reste le voisinage de l'ombre est souvent le théâtre de phénomènes optiques curieux, et l'aéronaute ne doit pas la perdre de vue. La ligne qui joint le centre du ballon à son ombre peut en outre être considérée comme un gigantesque index. C'est une droite fixe ou du moins ne tournant qu'avec le soleil. En mesurant l'angle dont il faut se déplacer dans la nacelle pour viser cette ombre avec une alidade, ce qui est très-facile si la nacelle est circulaire et pourvue d'un limbe gradué, on a une mesure exacte de l'angle dont le ballon a tourné dans l'autre sens. Avec cette mesure exacte on peut corriger les perturbations produites sur l'oscillation de l'aiguille aimantée ou même sur la vibration du pendule. Est-il nécessaire d'insister sur l'intérêt de la remarque que nous avons eu le bonheur de faire, et qui permet de faire servir le ballon d'instrument de précision pour observer les variations de la force magnétique du globe, et celle de l'intensité de la pesanteur? Il n'est pas, en quelque sorte, de phénomène naturel météorologique ou astronomique qui, avec les ballons actuels, bien conduits, ne puisse devenir l'objet d'études intéressantes. C'est ce que, dans cette esquisse incomplète, nous espérons avoir démontré.

FIN.

TABLE DES MATIÈRES

Paris. — Imprimerie Jules Bonaventure,
55, quai des Grands-Augustins.